KB044088

예제로 배우는
아두이노 제어 실습

3D 프린터 개발 산업기사 │ 실기

조 승 근 지음

光文閣
www.kwangmoonkag.co.kr

아두이노(Arduino)는 2005년 이탈리아의 IDII에서 디자인을 전공으로 하는 학생들이 자신들의 예술 작품에 공학 요소(움직이고, 빛을 내는 등의)를 부여하기 위해 만들어진 프로젝트 이름이면서, 동시에 마이크로 컨트롤러의 이름이다. 한마디로 공학을 전공하지 않는 사람들이 공학을 쉽게 접근하기 위한 도구이다. 현재는 디자인, 음악을 전공하는 학생들 뿐만이 아니라 공학을 전공하는 학부생, 대학원생까지 아두이노를 이용하고 있는데, 이는 아두이노의 대중성과 신뢰성 때문이라 판단된다. 8bit의 AVR 기반 아두이노부터, 32비트 ARM 계열까지 다양한 종류의 아두이노 하드웨어가 있으며, 이 책에서는 8bit의 아두이노 중 우노와 메가를 중심으로 설명하려 한다.

이 책 한권으로 아두이노 기반의 다양한 프로젝트 개발에 도움이 되리라 생각하며, 아두이노를 다룬 다른 책들과는 아래의 점에서 강점을 지닌다고 자평한다.

1. C 프로그래밍 초급자부터 상급자까지 모두에게 도움이 되도록 다양한 예제와 풀이 제공
2. 2019년 신설된 3D프린터 개발 산업기사 실기 대비
3. 아두이노와 장치 간의 연결을 위한 유/무선 통신에 대한 설명
4. 프로젝트에 도움이 될만한 센서와 모듈, 기법 등을 소개

끝으로, 아두이노는 이탈리아어로 '친한 친구'라는 뜻을 가지고 있다. 이 책이 여러분에게 친한 친구 같은 포근함과 재미, 그리고 유익한 도움이 되기를 진심으로 바란다.

2020년 8월
저자 조승근

CONTENTS

Arduino Control

아두이노의 기본 개념

CHAPTER 01

Arduino Control
아두이노의 기본 개념

아두이노는 아두이노 보드(하드웨어)와 아두이노 통합개발환경(IDE)을 통틀어서 아두이노로 지칭한다. 머리말에서도 이미 언급했듯이, 디자이너를 대상으로 태생했기 때문에 통합개발환경을 '스케치'라고도 하며, 코드 작성을 다수의 책에서는 '스케치한다'라고 표현하기도 한다.

1-1. 아두이노 보드

가장 많이 사용되는 아두이노는 8Bit인 아두이노 우노와 아두이노 메가이다.

우노와 메가 중 사용 용도와 목적에 따라 달리 선택되는데, 두 보드의 가장 두드러진 차이는 핀수와 메모리이다. 본인이 작성해야 할 프로그램에 변수가 많이 사용되고, 여러 공개 라이브러리를 사용해야 한다면, 또는 연결해야 할 센서나 엑츄에이터가 여러 개라면 아두이노 메가를 선택해야 하지만 그렇지 않다면 우노를 추천한다. 보다 저렴하기도 하지만 오픈소스 커뮤니티에서 쉽게 도움을 받을 수 있기 때문이다. 아두이노 우노와 메가 하드웨어는 아래와 같으며, 기본적인 특성은 표 1-1에서 확인하자.

[그림 1-1] 아두이노 하드웨어(좌: 우노, 우: 메가)

[표 1-1] 아두이노 우노와 메가의 Spec. 비교

마이크로컨트롤러	ATmega328P	ATmega2560
내부 동작 전압	5V	5V
인가 전압	7~12V	7~12V
디지털 입출력(I/O) 핀 수	14	54
PWM 핀 수	6	15
아날로그 Input 핀 수	6	16
입출력 핀의 DC 전류	40 mA	40 mA
3.3V 핀의 DC 전류	50 mA	50 mA
플래시 메모리 (KB)	32	256
SRAM (KB)	2	8
EEPROM (KB)	1	4
클럭 속도 (MHz)	16	16
길이 (mm)	68.6	101.52
너비 (mm)	53.4	53.3
무게(g)	25	37

참고: www.arduino.cc

아두이노로 전원을 공급하기 위한 단자는 크게 세 종류가 있는데, 첫 번째 USB 단자는 PC와 연결되어 안정적인 5V 전원을 공급받을 수 있다. 두 번째 전원 잭은 전원 어댑터(power adapter) 또는 배터리를 통해, 세 번째 Vin과 GND에는 파워 서플라이 또는 외부 장치로부터 점프선을 통해 7~12V 사이의 전원을 공급받아 아두이노를 구동할 수 있다.

(a) USB   (b) 전원 잭(Jack)   (C) Vin

[그림 1-2] 아두이노의 전원 입력 단자

우노, 메가 모두 아트메가(ATMEGA) 컨트롤러를 사용하지만 아키텍처가 다르므로 입출력 핀의 수와 플래시 메모리는 차이가 있다. 플래시 메모리에는 부트로더가 사용되고 있는데 우노의 경우는 0.5KB이며, 메가는 8KB가 된다. 즉 메가를 예로 들면, 256Kb 중 사용자가 사용 가능한 범위는 248KB가 된다. 248KB는 여러분이 생각하는 것보다 훨씬 크고, 충분히 넉넉하다.

우노와 메가 모두 디지털 13번 핀 옆에 LED를 내장하고 있으므로, 동작의 이상 판단에 사용할 수 있다. 그 외에 여러 통신 포트들이 준비되어 있으며, 그중 우리가 자주 사용하게 될 시리얼 통신은 우노의 경우 1쌍, 메가의 경우 4쌍이 존재한다. 특히 시리얼 0번(Tx0, Rx0)는 프로그램 업로드를 위해 미리 할당되어 있으므로 꼭 필요한 경우가 아니면 사용하지 않도록 하자. 우노의 경우는 부족한 시리얼 포트의 개수로 인해 부득이하게 소프트웨어 시리얼(Software Serial)을 사용하게 될 것이며, 이는 차후 다루도록 하겠다. 참고로 우노와 메가 이외에도 여러 종류의 아두이노가 있다. 아래 표 1-2를 참고하자.

[표 1-2] 아두이노의 종류와 특징

모델명	CPU 클럭 [MHz]	플래시 메모리 [kB]	동작 전압 [V]	허용 전압 [V]	Analog Input [개수]	Digital IO/ PWM [개수]	UART [개수]
Uno	16	32	5	~12	6	14/6	1
Mega 2560	16	256	5	~12	16	54/15	4
Leonardo	16	32	5	~12	12	20/4	1
Micro	16	32	5	~12	12	20/4	1
Yùn	16/400	32	5	5	12	20/4	1
MKRZero	48	256	3.3	3.3	7(1 DAC)	22/12	1

1-2. 통합개발환경(IDE)

통합개발환경은 아래 그림과 같이 구성되어 있다.

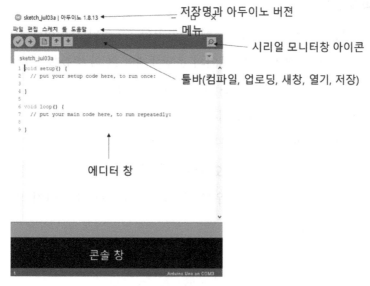

[그림 1-3] 아두이노 통합개발환경

크게 메뉴, 툴바, 에디터창 그리고 콘솔로 이루어져 있는데, 메뉴에는 환경설정
이나 저장, 그리고 예제 등을 확인할 수 있는 파일, 주석과 들여쓰기를 관리할 수 있
는 편집, 공개되어 있는 라이브러리를 포함할 수 있는 스케치, PC와 연결된 후 반드
시 확인해야 할 포트 번호와 아두이노 종류를 선택할 수 있는 툴이 있다.

툴바는 본인이 작성한 프로그램에 문제가 없는지 확인하는 컴파일과 컴파일 후
아두이노로 전송하는 업로드, 새로운 프로그램 작성을 위한 새 파일과 저장, 열기
가 있다. 또한, 툴바의 오른쪽 끝에 있는 돋보기 버튼은 시리얼 모니터를 시작할 수
있는 아이콘이다. 시리얼 통신을 통해 프로그램의 버그를 찾을 수 있는 간단한 디버
깅도 가능하며, 시리얼 송수신도 가능하다.

그리고 setup(), loop() 두 기본 함수에 원하는 코드를 작성할 수 있는 텍스트 에
디터 창과 컴파일 시에 프로그램의 오류를 확인할 수 있는 콘솔창이 아두이노 통합
개발환경의 구성 요소이다.

통합개발환경 설치

통합개발환경은 www.arduino.cc에서 설치할 수 있다. Software 매뉴에서 DOWNLOADS를 선택하면 되는데, 본인의 운영체제와 PC의 종류를 선택하여 내려받으면 된다. 아래의 그림에서 윈도우 환경에서는 zip 압축파일을 다운로드하여 압축 해제 후 설치하거나, 인스톨러를 이용하여 드라이버까지 한 번에 설치할 수 있는데, 본인의 PC라면 인스톨러를 이용하는 것을 권장한다. 현재는 1.8.13 버전까지 나와 있다. 이전의 버전에서 발생했던 오류나 호환성 등이 개선되거나, 경우에 따라서는 가능했던 기능들이 제한되는 경우도 있는데, 그 때문에 간혹 이전 버전으로 다운 그레이드해야 하는 일도 있다.

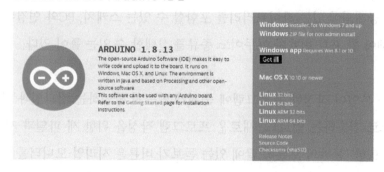

[그림 1-4] 아두이노 통합개발환경 다운로드

Windows installer, for Windows XP and up 링크를 클릭하면 팝업 창이 생기는데, 아두이노 협회를 위한 자발적인 기부를 하거나 JUST DOWNLOAD를 클릭하여 기부 없이 설치를 할 수 있다.

PC의 사양과 인터넷 환경에 따라 다운로드 속도가 다르지만, 100메가 정도의 파일 크기이므로 짧은 시간 내에 내려받을 수 있다.

다운 및 설치가 완료되었다면 바탕화면에 아두이노 아이콘이 생성된다.

이제 아두이노와 PC를 USB A-B 케이블로 연결하자.

윈도우의 경우 화면의 우측 하단에 연결된 컴포트 번호를 확인할 수 있는데 만약 연결이 실패하게 된다면 아두이노 드라이버를 재설치해야 한다.

1-3. Blink 예제 업로드와 아두이노의 기본 함수들

아두이노는 C와 C++ 언어를 지원한다. 여기서 '언어'라는 표현을 잠깐 살펴보자. 한국어, 영어, 일본어 등도 언어이다.

왜 프로그래밍도 언어라고 표현할까? 바로 언어가 가지고 있는 속성이 서로 유사하기 때문이다. 문법이 있고, 대화를 통해 의사와 의미를 전달할 수 있으며, 이루어내는 힘이 있기 때문이다. 물론 이 대화는 프로그래머와 컴퓨터 간의 대화가 일반적이지만, 넓은 의미에서 프로그래머와 프로그래머, 프로그래머와 일반인이 될 수도 있겠다. 이 책의 전반에 걸쳐 C/C++ 언어의 문법에 대해 배우겠지만, 우선은 설명에 앞서 아두이노 스케치에 내장된 예제 중의 하나인 Blink 예제를 아두이노로 업로드한 후에 어떻게 동작하는지 알아보자. Blink 예제는 파일→예제→01. Basics→Blink에 있다.

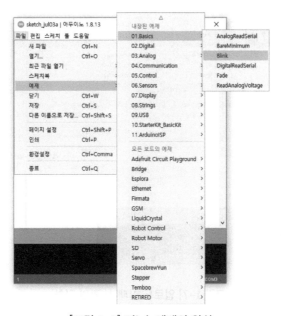

[그림 1-5] Blink 예제의 위치

아두이노 IDE의 버전별로 기능은 동일하나 프로그램은 상이할 수 있다.

툴바에서 업로드(Upload) 버튼을 클릭해 보자. 업로드는 PC를 기준으로 설명한 용어이다. 프로그래밍이 완료되어 문법적인 문제가 없음이 확인되면, PC에서 아두이노로 일종의 실행 파일이 전달된다. 다른 마이크로컨트롤러의 책들에서는 다운로드(Download)라고 표현하기도 한다. 이때의 기준은 마이크로컨트롤러가 된다.

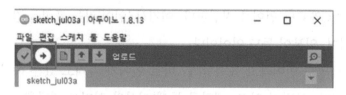

[그림 1-6] 업로드(Upload) 버튼의 위치

업로드가 정상적으로 완료되었다면, 아두이노의 13번 핀 옆의 LED가 1초 간격으로 깜빡이는 걸 볼 수 있다.

업로드 중 실패 메시지를 보게 된다면, 툴에서 보드가 본인이 소지한 Uno(우노) 또는 Mega(메가) 보드인지를, 또 포트는 아두이노에 맞도록 선택되어 있는지 확인하자.

[그림 1-7] 업로드 실패 시 확인 절차

```
/*
  Blink

  Turns on an LED on for one second, then off for one second, repeatedly.

  Most Arduinos have an on-board LED you can control. On the Uno and
  Leonardo, it is attached to digital pin 13. If you're unsure what

  pin the on-board LED is connected to on your Arduino model, check

  the documentation at http://www.arduino.cc


  This example code is in the public domain.


  modified 8 May 2014

  by Scott Fitzgerald
*/



// the setup function runs once when you press reset or power the board
void setup() {
  // initialize digital pin 13 as an output.
  pinMode(13, OUTPUT);
}



// the loop function runs over and over again forever
void loop() {
  digitalWrite(13, HIGH); // turn the LED on (HIGH is the voltage level)
  delay(1000);            // wait for a second
  digitalWrite(13, LOW);  // turn the LED off by making the voltage LOW
  delay(1000);            // wait for a second
}
```

이 프로그램에는 실제로 실행되는 코드와 실행되지 않는 코드(주석)가 있다.

주석이란 메모에 해당하는 역할로, 프로그램 작성자가 필요에 의해 남긴 글(설명, 프로그램 목적, 작성 일시 등)을 말하며 두 가지 종류가 있다.

첫 번째는 " // 문장 "이고 두 번째는 " /*   문장   */ "이다.

"// "는 한 문장만을 주석으로 처리할 때 사용하고, 두 번째 "/* ~~~ */"는 여러 문장들을 한꺼번에 주석 처리할 때 사용한다.

그러면 주석을 제외한 실제 실행되는 코드들은 아래와 같다.

```
void setup() {
    pinMode(13, OUTPUT); // 간혹 13대신에, LED_BUILTIN으로 작성되기도 함
}
void loop() {
    digitalWrite(13, HIGH);
    delay(1000);
    digitalWrite(13, LOW);
    delay(1000);
}
```

여기에는 우리가 이미 알고 있는 영어 단어들이 존재한다. 이런 단어들, 문장들을 감싸고 있는 중괄호 { } 영역이 우리가 국어에서 말하는 문단이 되며, 세미콜론(;)을 기준으로 문장이 구별된다. 이제 본격적으로 가장 기본적인 문법 설명을 시작한다.

파일 → 새파일을 클릭하여 새 창을 띄우면, 아래와 같이 void setup()과 void loop()의 두 문단으로 되어 있다.

```
void setup() {
  // put your setup code here, to run once:

}

void loop() {
  // put your main code here, to run repeatedly:

}
```

이 두 구별된 문단(함수 영역)이 아두이노의 기본 틀이 된다.

setup 함수에는 핀을 출력 또는 입력으로 설정하거나, 통신 속도 설정 등과 같이 주로 설정에 관련된 함수 등을 두는 공간이며, 단지 한번만 실행된다.

loop 함수는 메인 프로그램들을 두게 되는 공간이며, 전원이 인가되는 동안 계속해서 반복하여 실행된다.

이 setup과 loop 함수는 둘 다 반드시 존재해야 한다.

이 함수(함수에 대해서는 2장에서 설명한다. 그냥 용어에만 익숙해지자)들은 중괄호 { }를 통해 영역을 지정한다.

blink 예제에서 setup 함수의 영역은

```
pinMode(13,OUTPUT);
```

한 줄이며 loop 함수의 영역은

```
digitalWrite(13, HIGH);  // turn the LED on (HIGH is the voltage level)
delay(1000);             // wait for a second
digitalWrite(13, LOW);   // turn the LED off by making the voltage LOW
delay(1000);              // wait for a second
```
네 줄이다.

문장의 끝마다 세미콜론(;)이 오게 되는데 이는 반드시 지켜줘야 하는 문법 중 하나이다. 문장의 끝을 알리는 마침표(.)의 의미다.

그리고 수학과 마찬가지로 C언어에서 괄호(소/중/대괄호 모두 사용된다)는 열었으면 반드시 닫아야 한다. 그럼 이제 남은 것은 pinMode()와 digitalWrite(), delay() 함수들에 대한 설명이다.

delay()는 ms(밀리세컨드,1/1000초) 단위로 앞의 상태를 유지한 채로 지연, 즉 delay() 아래를 실행하기 전에 지정한 시간만큼 앞의 실행이 유지하게 된다. 다시 말해 delay(1000)은 "1초간 앞의 상태를 유지한 채 정지"의 의미를 가진다.

pinMode는 핀의 상태를 설정하는 함수이며, digitalWrite는 디지털 출력 함수이다. 이 함수들에 대해서는 다음 절에서 자세히 설명하도록 한다.

1.3.1 pinMode, digitalWrite(), 그리고 analogWrite()

pinMode(핀 번호 , INPUT / OUTPUT / INPUT_PULLUP);

Blink예제 속의 setup() 함수에는 pinMode()라는 함수가 한 번 등장하는데, pinMode(13, OUTPUT);을 통해 아두이노의 13번 핀을 OUTPUT(출력)으로 설정했다. 그럼 OUTPUT의 반대인 INPUT을 작성하면 입력으로 설정할 수 있을까?

정답은 "그렇다"이다.

입력(INPUT)과 출력(OUTPUT)의 차이는 무엇일까?

입력은 한마디로 신호를 받아들이는 것이고, 출력은 신호를 내보내는 것이다. 여기서의 기준은 아두이노가 된다. 다시 말해 아두이노로 전압이 들어오면 입력으로 설정해야 하고, 아두이노에서 전압을 내보내면 출력으로 설정해야 한다.

원하는 핀을 입력으로 설정하면, 센서나 버튼에서 보낸 신호를 받을 수 있고, 출력으로 설정하면 해당 핀에 전압을 인가하여 모터나 LED,부저 등을 동작하게 할 수 있다.

```
digitalWrite(핀번호 , value);
핀번호: 0~13 (아두이노 우노) / 0~53 (아두이노 메가)
value: HIGH / LOW
```

pinMode() 함수를 통해 원하는 핀(blink 예제에서 13번)을 OUTPUT으로 설정했다면, 이제 그 핀에 5V 또는 0V 전압을 인가할 수 있다.

우선 신호에 대해 알아보자.

신호에는 디지털 신호와 아날로그 신호가 있다. 디지털 신호는 1과 0, HIGH와 LOW만이 존재하는 2진 신호이며, 아날로그 신호는 연속된 신호이다.

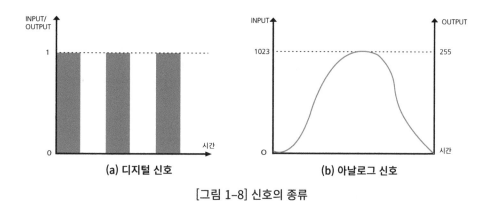

(a) 디지털 신호   (b) 아날로그 신호

[그림 1-8] 신호의 종류

아두이노에서 디지털 입출력은 5V를 기준으로 하는데, HIGH는 5V 전압 레벨이며, LOW는 Ground 전위인 0V가 된다.

HIGH 대신에 1을, LOW 대신에 0으로 변경해도 동일하게 작동한다.

digitalWrite(13, HIGH)의 의미는 13번 핀에 5V를 인가하라는 의미이며, 반대로 digitalWrite(13, LOW)는 13번 핀에 0V를 인가하라는 의미가 된다.

이제 13번에 연결된 내장 LED가 아니라 아두이노에 직접 LED를 연결하여 제어해 보도록 하자.

준비물: RED LED x 2, 저항 330Ω x 2, 브레드보드, 점퍼케이블

330Ω 저항은 왜 필요한 것일까?

LED의 데이터시트를 보면 20mA에서 Vf는 일반적으로 2.2V가 된다. 옴의 법칙을 이용하여 풀면 (5v – 2.2v) / xΩ = 20mA의 식이 나오는데, 약 140Ω 이상의 저항을 사용해야만 LED를 보호할 수 있다. 하지만 시판되는 저항은 220Ω, 330Ω 정도가 이와 유사한데, LED의 색상마다 Vf와 전류가 다르므로 보통 330Ω을 권장한다.

● COMMODITY : T-1 Standard 1.0"Lead, 3 φ
● DEVICE NUMBER : BL-B5141   PAGE: 2
● ELECTRICAL AND OPTICAL CHARACTERISTICS (Ta=25℃)   VERSION : 1.0

Chip		Lens Appearance	Absolute Maximum Rating				Electro-optical Data (At 20mA)			Viewing Angle 2θ 1/2 (deg)
Emitted Color	Peak Wave Length λ P(nm)		Δ λ (nm)	Pd (mW)	If (mA)	Peak If(mA	Vf(V)		Iv Typ. (mcd)	
							Typ.	Max.		
Bright Red	700	Red Diffused	90	40	15	50	2.2	2.6	8.0	35

Remark : Viewing angle is the Off-axis angle at which the luminous intensity is half the axial luminous intensity.

● ABSOLUTE MAXIMUN RATINGS (Ta=25℃)
Reverse Voltage 5V
Reverse Current (V$_R$=5V) 100μA
Operating Temperature Range .... -40℃ ～ 80℃
Storage Temperature Range .... -40℃ ～ 85℃
Lead Soldering Temperature .... 260℃ For 5 Seconds

● PACKAGE DIMENSIONS

[그림 1-9] 3파이 RED LED 데이터시트

브레드보드에 대해 살펴보자. 브레드보드는 170핀, 420핀, 840핀의 3종류가 많이 사용된다. 소형 프로젝트를 염두에 둔다면 170핀이나 우노와 크기가 유사한 420핀이 적당하겠지만, 그렇지 않다면 840핀을 사용하자. 아래 사진처럼 브레드보드의 아랫면에 홈이 있는데 이 홈은 다른 브레드보드를 연결하기 위함이다.

브레드 보드 상단과 하단에 – 와 + 표시가 있는데, 각각 아두이노 우노의 GND와 5V를 연결하면 GND와 5V 전위는 연결된 동일 가로줄의 끝까지 연결된다. (그림 1-11 참조) 브레드 보드의 가운데 부분(a~e, f~j 행)은 홈을 기준으로 각 5개씩 분리되어 서로 연결되어 있다. 즉, 그림 1-11에서는 아두이노의 12번핀과 연결된 세로

5칸이 서로 연결되어 있다. 편의상 그림은 420핀 브레드보드로 설명한다.

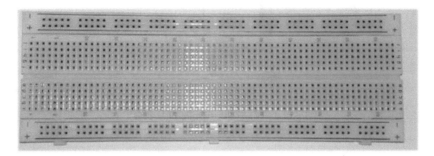

[그림 1-10] 840핀 브레드보드

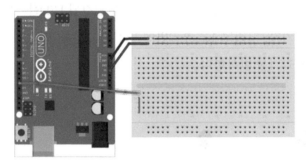

[그림 1-11] 브레드보드 내부 연결

이제는 LED에 저항을 연결해 보자. 아두이노의 8번 핀으로 제어한다고 가정하면 아래와 같이 연결되어야 한다. 모든 전자회로는 전류가 흐르기 위해서 폐루프(Closed loop)가 되어야 하므로, 8번핀에서 나온 전압은 LED와 저항을 그쳐 접지(GND)로 연결되어야 한다. 참고로 LED는 다리가 짧은 쪽이 − (캐소드)이고 접지로 연결되어야 한다.

우노에는 접지가 3개 있고 모두 동일한 GND로 서로 연결되어 있다. 참고로 메가는 5개의 GND가 있다.

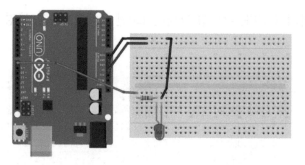

[그림 1-12] 브레드보드에 LED 연결

아래의 예제를 통해 이해도를 높여 보자.

예제 1-1) 8번과 9번에 LED를 연결하여 8번에 연결된 LED를 켜고 1초 후에 9번
에 연결된 LED를 켜자. 그리고 1초 후 9번에 연결된 LED를 끄고, 다시 1초 후에 8번
에 연결된 LED를 끄기를 반복한다.

```
void setup() {
  pinMode(8, OUTPUT); // 8번핀 Output 설정
  pinMode(9, OUTPUT); // 9번핀 Output 설정
}

void loop() {
  digitalWrite(8, HIGH); // 8 LED On
  delay(1000);
  digitalWrite(9, HIGH); // 9 LED On
  delay(1000);
  digitalWrite(9, LOW); // 9 LED Off
  delay(1000);
```

```
    digitalWrite(8, LOW); // 8 LED Off
    delay(1000);
}
```

설명) 8번과 9번에 연결된 LED를 점등해야 하므로, pinMode에서 해당 핀을 OUTPUT으로 지정해야 한다. 그리고 delay()와 digitalWrite()를 이용하여 순서대로 작성하면 된다.

예제 1-2) 8번과 9번을 동시에 켜고, 500ms 후에 8번과 9번을 동시에 끈다.

```
void setup() {
    pinMode(8, OUTPUT);
    pinMode(9, OUTPUT);
}

void loop() {
    digitalWrite(8, HIGH);
    digitalWrite(9, HIGH); // 8번과 9번 동시에 On
    delay(500);
    digitalWrite(8, LOW);
    digitalWrite(9, LOW); // 8번과 9번 동시에 Off
    delay(500);
}
```

설명) 프로그래밍은 항상 위에서부터 아래로 순차적으로 실행된다. loop 함수 안에 있으므로 반복적으로 동작하지만, 한 번만 실행되도록 하고 싶다면 setup 함수에 작성하면 된다.

이제 단순히 LED를 켜거나 끄거나 하는 동작을 넘어서, LED 밝기를 제어해 보자.

밝기 제어는 digitalWrite()를 이용하여 핀에 5V와 0V가 흐르도록 하는 것으로는 불가능하고, 핀에 흐르는 전압을 조절해야 한다. 아두이노에서는 PWM(펄스폭 변조: Pulse Width Modulation) 방식으로 평균 전압을 간단히 조절할 수 있는데, analogWrite() 함수를 통해 가능하다. 물론, 아두이노의 한 종류인 due(32bit, M0) 보드를 통해서는 실제 아날로그 출력(DAC – Digital Analog Converter)을 만들어 낼 수 있지만, LED 밝기 제어나 모터 제어 등은 DAC가 아닌 펄스폭 변조만으로도 충분히 가능하다.

```
analogWrite(핀번호 , value);
가능 핀: 3,5,6,9,10,11 (아두이노 우노) / 2~13, 44~46 (아두이노 메가)
value: 0 ~ 255 (0은 0V, 255는 5V)
```

모든 핀이 PWM 기능이 사용 가능한 것은 아니다. 우노와 메가 보드에 '~' 물결 표시가 있는 핀만이 가능하며, 핀 번호는 위와 같다. 우노와 메가의 경우 PWM 출력 가능한 핀을 통해 8bit의 해상도(256단계)로 원하는 전압을 만들어 낼 수 있다. 다만 우노의 5번, 6번의 PWM은 내부 타이머를 공유하는 관계로 value에 0으로 설정해도 미세한 전압을 가질 수 있다. (타이머 인터럽트 참고)

간단한 비례식을 통해 원하는 전압을 만들 수 있는데, 아래와 같다.

5V: 255 = 원하는 전압: x

예를 들어 9번 핀에 3V 출력을 원하면 다음과 같이 작성하면 된다.
analogWrite(9, 153);

예제 1-3) 9번핀에 1초 간격으로 5V, 2.5V, 0V 출력을 발생시킨다.

```
void setup() {
    pinMode(9, OUTPUT); // 생략 가능
}

void loop() {
  analogWrite(9, 255); // 100% duty cycle = 5V
  delay(1000);
  analogWrite(9, 127); // 50% duty cycle = 2.5V
  delay(1000);
  analogWrite(9, 0);  // 0% duty cycle = 0V
  delay(1000);
}
```

설명) 9번핀에 LED를 연결하고 실행해 보면, 1초 간격으로 LED의 불의 밝기가 변경되는 것을 확인할 수 있다. 5V, 2.5V, 0V에 해당하는 전압으로 LED의 밝기가 제어되며, 멀티미터기나 오실로스코프가 주변에 있다면 전압을 측정하여 확인해 보자.

참고: analogWrite() 함수를 사용할 때는 pinMode()를 이용하여 해당 핀을 출력으로 설정할 필요 없다.

이번에는 3색 LED를 이용하여 analogWrite() 함수에 대해 이해를 높여 보자.

3색 LED는 색/빛의 3원소인 Red, Green, Blue LED가 하나의 LED 안에 모두 내장되어 있다. 모듈 형태의 경우는 PCB 기판에 R,G,B,+(또는 −)라고 프린팅되어 있어 혼동이 없겠지만, 모듈이 아닌 경우의 3색 LED는 연결에 주의가 필요하므로, 아래의 그림을 참조하자. Common cathode 타입과 Common anode 타입이 있는데, 전자의 경우에는 공통 핀에 접지를 연결하고, R,G,B에 HIGH 신호를 주면 LED가 On 되며, 후자의 경우에는 공통 핀에 5V 전압을 인가하고 R,G,B에 LOW 신호를 인가하면 LED가 On 된다.

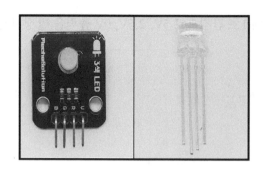

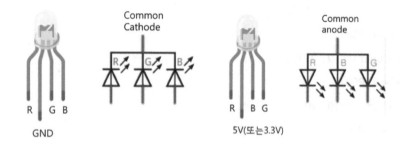

[그림 1-13] 3색 LED (좌: Common Cathode 타입, 우: Common Anode 타입)

아두이노의 HIGH/LOW 신호 입력이 아니라 Analog 신호를 인가하면 R,G,B 각각 2^8 X 2^8 X 2^8 = 2^{24} 개의 True color를 만들 수 있다.

RED	GREEN	BLUE	COLOR
255	0	0	RED
0	255	0	GREEN
0	0	255	BLUE
255	255	0	YELLOW
255	0	255	MAGENTA
0	255	255	CYAN
255	255	255	WHITE
0	0	0	NONE

[그림 1-14] 색상 혼합표

예제 1-4) 3색 LED를 1초마다 Red, Green, Blue, White 그리고 Random 색상으

로 변경한다.

```
int red =9;    //  Red를 11번  연결
int green= 10; // Green을 10번 연결
int blue = 11; // Blue를 9번 연결

void setup(){
    pinMode(red, OUTPUT);
    pinMode(green, OUTPUT);
    pinMode(blue, OUTPUT);
}
void loop() {
    analogWrite(red,255); // Red LED만 On
    analogWrite(green,0); // 나머진 Off
    analogWrite(blue,0);
    delay(1000);
    analogWrite(red,0); // Green LED만 On
    analogWrite(green,255);
    analogWrite(blue,0);
    delay(1000);
    analogWrite(red,0); // Blue LED만 On
    analogWrite(green,0);
    analogWrite(blue,255);
    delay(1000);
    analogWrite(red,255); // White를 만들이 위해서 모든 LED On
    analogWrite(green,255);
    analogWrite(blue,255);
    delay(1000);
    analogWrite(red,random(256)); // 0~255 사이의 임의의 값 반환
    analogWrite(green,random(256));
    analogWrite(blue,random(256));
```

```
    delay(1000);
}
```

설명) 위 프로그래밍은 Common Cathode 타입에 대한 프로그래밍이다. 만약 Common Anode의 경우는 0과 255를 반대로 하면 된다. 3색 LED에서 RED 색상만 최대 밝기로 On 하기 위해서는 analogWrite(red,255); 가 필요하고 나머지 색상들은 Off를 해야 한다. 그리고 임의의 색상으로 표현하기 위해서는 random 함수를 사용하면 된다.

```
random(value);
value: (최소, 최대)를 입력하면 되는데, 최댓값만 입력하는 경우는 최소가 0이
된다. 지정한 최솟값에서 최댓값 사이의 임의의 수가 추출된다.
```

```
random(0,256);   // 0~255 사이의 랜덤한 값 추출
random(100,201); // 100~200 사이의 랜덤한 값 추출
random(201);     // 0~200 사이의 랜덤한 값 추출
```

1.3.2 변수와 digitalRead(), analogRead()

출력에 대한 함수들은 digitalWrite()와 analogWrite()가 있고, 입력에 대한 함수들은 digitalRead(), analogRead() 함수가 있다. pinMode 함수를 이제 INPUT으로 설정하고 연결된 소자들의 전압을 확인하자.

준비물: RED LED X 2, 저항 330Ω X 2, 10KΩ X 2, 브레드보드, 점프케이블, 버튼(택트 스위치) X 2, 10KΩ 가변저항

디지털 입력 예제를 위해 택트 스위치를 사용하기로 한다. 택트 스위치의 역할은 누르고 있을 때는 On이 유지되어 5V 전압이 흘러가도록 하거나 반대로 GND 전위

로 변경한다. 반대로 스위치에서 손을 떼면, 흐름을 차단시켜 원래의 상태로 돌아 간다. 그런데 주변 회로를 구성해 주지 않으면 버튼을 누르더라도 HIGH와 LOW 사 이의 애매한 상태를 가지므로(플로팅 상태라고 함), 확실한 HIGH와 LOW 신호를 보장하기 위해 풀업 또는 풀다운 회로를 구성해야 한다. 풀업과 풀다운 회로를 살펴 보면 아래와 같다.

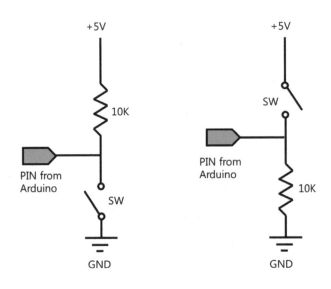

[그림 1-15] (a) 풀업(Pull-Up) 회로 (b) 풀다운(Pull-Down) 회로

풀업 회로는 평상시에는 아두이노와 연결된 핀에 5V 전압이 흐르고, 스위치가 눌 려지면 대부분의 전류는 GND로 흘러 아두이노로는 0V가 입력된다.

반대로 풀다운 회로는 평상시에는 GND 레벨 전위와 아두이노가 연결되어 0V가 입력되고, 스위치가 눌려지면 전류가 흐르기 시작하여 아두이노로 5V가 입력된다.

한마디로 버튼이 눌려지면 풀업은 아두이노로 LOW, 풀다운은 HIGH 신호가 인 가된다. 아두이노와의 풀업 풀다운 연결은 아래 그림을 참고하자.

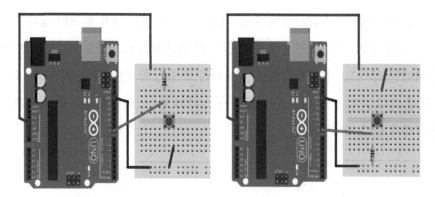

[그림 1-16] (a) 풀업(Pull-Up) 연결 (b) 풀다운(Pull-Down) 연결

```
digitalRead(핀번호);
가능 핀: 0~13 (아두이노 우노) / 0~53 (아두이노 메가)
반환값: 0,1 (0V는 0,5V는 1)
```

버튼과 아두이노에 연결된 핀 번호를 digitalRead()를 통해 확인하면, 5V 전압에서는 1(=HIGH)이, 0V 전압에서는 0 (=LOW)이 반환된다.

아래의 프로그램을 보고 이해해 보자.

```
void setup() {
  pinMode(13, OUTPUT);   // for LED
  pinMode(8, INPUT);      // for button
}

void loop() {
  digitalWrite(13,digitalRead(8)); // digitalRead(8)는 1 또는 0을 반환
}
```

LED는 13번에, 버튼은 8번에 연결되어 있다.

digitalRead(8)을 통해 버튼의 상태에 따라 13번 핀에 HIGH 또는 LOW를 신호를 인가하므로, 만약 버튼이 풀업으로 연결되어 있다면 버튼을 누르기 전은 LED가 On 되고, 버튼을 누르면 LED가 Off 된다. (풀 다운은 반대)

그런데 매번 버튼 연결 때마다 풀업, 풀다운 회로를 구성하는 것은 번거로운 일이다. 사실 풀업으로 연결하는 경우가 풀 다운보다 일반적인데 아두이노에는 내부 저항을 이용하여 10KΩ 저항 없이도 풀업을 사용할 수 있다.

핀 설정에서 INPUT 대신에 INPUT_PULLUP으로 설정하면 된다.

pinMode(9, INPUT_PULLUP);

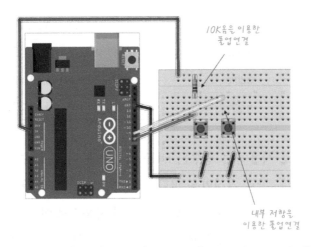

[그림 1-17] 풀업(Pull-Up) 연결 비교(외부 풀업과 내부 풀업)

analogRead() 함수 설명 전에 변수에 대한 설명을 먼저 하겠다.

수에는 변할 수 있는 수인 변수와 변하지 않는 고정된 수인 상수가 있다. 중학교 수학책에 나오는 1차 함수 y=ax + b를 예로 들어 설명하면, a와 b 모두 1이라고 가정했을 때 x의 값에 따라 y의 값이 틀려진다. 다시 말해 y = x +1에서 x와 y는 변수가 되고, a와 b는 1인 상수가 된다.

변수를 사용하기 위해서는 우선 변수 선언이 선행되어야 하며, 변수 선언 후에는 변수에 데이터의 저장이 가능하다. 변수 선언은 변수에 담길 형태[자료형: 정수, 실수, 문자(열) 등]를 먼저 지정하고, 사용하고자 하는 변수의 이름(변수명)을 정의해 줘야 하고 처음에 가질 값(초깃값)을 작성하면 된다.

변수 선언   자료형 변수명 = 초깃값;

C언어에서 자료형은 아래와 같다.

[표 1-3] 자료형의 크기와 범위

자료형	크기	범위
boolean	1bit	True / False
byte	8bit	0~ 255
char	8bit	−128~ 127
int	16bit	−32,768 ~ 32,767
long	32bit	−2,147,483,648 ~ 2,147,483,647
float	32bit	−3.4028235E+38 ~ 3.4028235E+38
double	32bit	−3.4028235E+38 ~ 3.4028235E+38

우리가 일반적으로 사용하는 정수는 int를 사용하게 되고, 실수는 float, 문자는 char를 사용하게 된다. 참과 거짓만을 판단할 때는 boolean을 사용하면 된다. 범위에 맞는 자료형을 선택해야 하며, 무분별한 변수의 사용으로 아두이노의 사용 가능한 메모리를 초과하지 않도록 고려해야 한다. int로 표현할 수 있는 최댓값은 32,767인데 만약 이 값이 1 초과하면(overflow) −32768로 되니 유념하길 바란다.

변수명은 영어의 한 문자부터 단어, 숫자와 단어의 혼용 등 사용자가 임의로 설정할 수 있는데, 주의할 것은 숫자가 먼저 오거나 띄어쓰기, 특수 문자 등은 사용할 수 없다. 그리고 변수명은 단순한 의미 없는 문자보다는 변수에 대입하고자 하는 역할, 예를 들어 LED를 On/Off 하기 위함이면 변수명을 led로 두는 것이 본인과 타인을 위해서도 프로그램 해석에 도움이 된다.

변수를 사용하여 위의 프로그램을 변경해 보자.

```
int led = 13; // led에 13을 대입
int button = 8; // button에 8을 대입
int button_state; // 초깃값이 주어지지 않으면 0으로 자동 대입
void setup() {
    pinMode(led, OUTPUT);    // 13번을 OUTPUT으로 설정
    pinMode(button, INPUT); // 8번을 INPUT으로 설정
}

void loop() {
    button_state = digitalRead(button); // 8번의 상태를 읽어 대입
    digitalWrite(led, button_state);
}
```

    프로그램을 작성할 때는 이렇게 변수를 사용하는 것이 일반적이다. 변수 선언은 프로그램의 제일 상단 또는 함수 내부의 상단에 위치시킨다. 선언하는 위치와 영향을 주는 범위에 따라 전역변수(global variable), 지역변수(local variable)라고도 하는데 자세한 것은 2.5절에서 다루도록 한다.

```
analogRead(핀번호);
가능 핀: A0~A5 (아두이노 우노) / A0~A15 (아두이노 메가)
반환값: 0~1023
```

    analogRead()를 통해 아날로그 입력 핀(A0부터 A5까지 총 6개)에 연결된 센서나 가변저항 등의 전압을 확인할 수 있다. 예를 들어 아날로그 출력 온도 센서를 가정해 보자. 온도 센서가 0℃에서 전압이 0V이고, 100℃에서 전압이 5V인 선형적인 출력을 낼 수 있다 하자. 그렇다면 전압 측정을 통해 현재의 온도 계측이 가능한데, 계측된 전압이 4V였을 때 비례식은 아래와 같다.

    5V: 100도 = 4V(현재 계측된 전압): x도

이며, 이 비례식을 계산하면 80도라는 온도값을 얻게 된다.

우노와 메가에서는 analogRead를 통해 측정된 전압이 0에서 1023 사이로 한정된다. 이때 0은 0V, 1023은 5V가 된다.

1023(5V의 최댓값): 100도 = 818: x도

여기서 818(4V*1023/5=818)은 analogRead를 통해 계측될 값이고, 이 818 값을 통해 우리는 현재의 온도가 80도임을 알게 된다.
10K 가변저항을 연결하여 이젠 저항의 변화에 따른 전압을 측정해 보도록 하자.

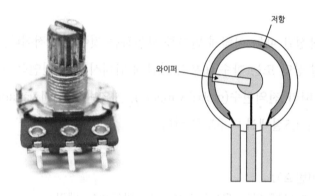

[그림 1-18] 가변저항의 내부 구조와 실제 가변저항 이미지

가변저항은 그림 1-18과 같은 모습이며 3개의 핀을 가지고 있다. 와이퍼 핸들을 돌리면 저항의 크기가 변하는 수동 소자인데, 오디오의 볼륨 조절에도 사용되고 있다. 첫 번째 핀과 세 번째 핀은 각각 아두이노의 5V, GND(또는 GND, 5V)에 연결하며, 두 번째 핀은 아두이노의 A0에 연결하자. 두 번째 핀 역시 풀 다운으로 연결하는 것이 권장되지만, 풀 다운 없이 연결해도 문제가 되지 않는다.

예제 1-5) LED의 밝기를 가변저항으로 제어한다.

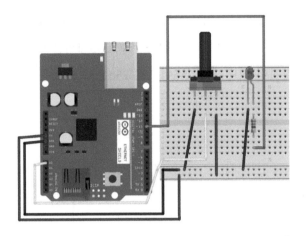

[그림 1-19] 가변저항과 LED의 연결도

```
int led = 11; // led에 13을 대입
int potentio= A0; // 가변저항 A0 연결
void setup() {
  pinMode(led, OUTPUT); // 13번을 OUTPUT으로 설정, 생략 가능
  pinMode(potentio,INPUT); // A0를 INPUT으로 설정, 생략 가능
}
void loop() {
  int val = analogRead(potentio); // A0의 전압 레벨 읽어서 val에 저장
  analogWrite(led, val/4);
}
```

설명) LED의 밝기 제어를 위해서는 analogWrite() 함수를 사용해야 함을 떠올려야 한다. 그래서 PWM 제어가 가능한 11번 핀에 LED를 연결했으며, 아날로그 입/출력의 경우는 pinMode에서 따로 설정할 필요가 없다. loop 함수에서 가변저항을 통한 전압값을 val이라는 변수에 저장하고, 이 val의 값에 따라 LED의 밝기를 제어할 수 있다.

하지만 왜 "val/4"를 했는지에 주목해야 한다. val은 analogRead()를 통해 반환되는 값을 저장하는 변수인데 10비트의 해상도, 즉 0~1023까지 변화될 수 있으며, anaolgWrite(pin, value)의 value에는 8비트 해상도 0~255까지 가능하기 때문이다. 두 레벨을 맞춰 주기 위해 나누기 4를 하였다. 만약 나누기 4를 하지 않는다면 아래의 그림과 같은 결과가 나타난다. 255에서는 5V, 256에서는 다시 0V로 돌아가게 된다. 앞서 설명한 것처럼 최댓값이 255이므로 256은 최댓값을 초과(overflow) 되기 때문이다.

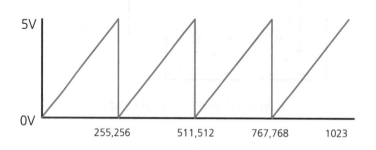

[그림 1-20] analogWrite() 함수의 value 값에 따른 전압 변화

만약 "value/4" 하지 않고 최소, 최댓값을 지정하여 그 사이에서만 변경되게 할 순 없을까? 아두이노에서는 map 함수가 내장되어 있는데 이를 사용하면 간단하게 처리할 수 있다. 사용법은 아래와 같다.

map(변수, 변수의 최솟값, 변수의 최댓값, 변경 원하는 최솟값, 변경 원하는 최댓값);

위의 예제(1-5)의 마지막 줄을 map 함수를 사용하게 되면 아래와 같다.
analogWrite(led, val/4); → analogWrite(led, map(val,0,1023,0,255));

val 변수는 '0에서부터 1023까지 변경될 수 있는데, 이 값을 0에서 255로 제한한다'라는 뜻이 된다.

1.3.3 시리얼 통신 기초

시리얼 통신은 3장에서 심도 있게 다루겠지만, 문법을 효과적으로 설명하기 위해 간단한 화면 출력과 입력 부분에 대해서만 언급하고 넘어가려 한다.

아두이노에서는 사실 디버깅(Error 발생 시 원인을 찾는 과정)이 어렵다. 변수의 실시간 변경 데이터를 확인하는 등의 동작은 시리얼 통신에 의존해야만 하는 단점이 있지만, 스케치에 내장된 시리얼 모니터창을 통해 간단히 확인할 수 있는 점은 장점이라 할 수 있다.

시리얼 통신, 즉 PC와 아두이노 간의 직렬 통신을 위해서는 통신 속도(Baud rate)를 서로 간에 맞추어야 한다. 이때 사용하는 함수는 Serial.begin() 함수로써 괄호 안에 통신 속도를 넣어주면 된다.

Serial.begin(Baud rate);
Baud rate: 300~250,000까지 정해진 baudrate 사용, 단위는 bps(bit per Second)

혼히 저속은 4,800, 9,600, 19,200 bps를 혼히 사용하며 고속은 57600,115200 bps를 사용한다. 무작정 보레이트를 높이는 것은 통신의 신뢰도를 떨어뜨릴 수 있으므로, 송수신해야 할 데이터가 많지 않다면 저속의 보레이트를 선택하는 것이 좋다.

Serial.begin()은 setup 함수 안에서 사용한다.

화면에 원하는 글자나 변수의 값을 출력하기 위해서는 화면에 프린트(출력)를 해야 한다. 때론 한 줄로 연속적인 표현을 해야 하기도 하고, 또 줄 변경을 하며 가시성을 높이도록 하기도 해야 한다. 이때 사용하는 것이 Serial.print()와 Serial.println()이다.

Serial.print('문자', "문자열", 변수); / Serial.println('문자', "문자열", 변수);
기능: '문자', '문자열', 변수가 가진 값을 화면상에 출력

작은 따옴표(' ') 안에 출력하고자 하는 한 개의 문자를 입력하거나 큰따옴표
("") 안에 여러 문자들을 입력하면 화면에 출력이 된다. 변수는 프로그래밍 안에서
선언된 변수가 가진 현재의 값을 출력한다.

예제 1-6) Serial.print()와 Serial.println()을 이용하여 다양한 문자들을 출력해 본다.

```
void setup() {
    Serial.begin(9600);            // 9600bps로 설정
}
void loop() {
    int a=255;
    Serial.println("Hello");  // Hello의 문자열을 출력하고 줄 바꿈
    Serial.print('H');         // H라는 문자를 출력
    Serial.println('I');       // I라는 문자를 출력하고 줄 바꿈
    Serial.println(a);         // a의 변수값 255를 출력하고 줄 바꿈
}
```

설명) 위의 프로그램을 실행하면, 아래 그림의 결과를 얻을 수 있다. 줄 바꿈을 위
해서는 Serial.println()을 사용해야 되며, 중요한 것은 문자열을 큰따옴표가 아니
라 작은 따옴표를 사용하면 원하는 결과가 나오지 않는다. 하지만, 단 문자를 큰
따옴표로 사용하는 경우는 가능하다. Serial.print('H')로 출력하면 H가 화면에 출
력되고 줄 변경은 일어나지 않는다. 하지만 Serial.println('I'); 를 통해 I가 출력된
후 줄 변경이 발생하므로, 화면에 HI가 출력되게 된다.

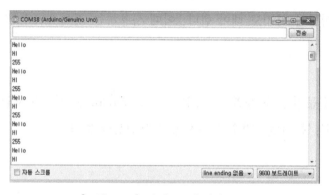

[그림 1-21] 예제 1-6의 실행 결과

시리얼 통신은 양방향 통신이므로, 아두이노에서 PC로 데이터를 보낼 수도 있지만 반대로 PC에서 아두이노로도 전송할 수 있다. 위의 그림 1-21 시리얼 모니터를 보면 사용자가 입력할 수 있는 공간(전송 버튼 왼쪽)이 있는데, 이곳에 문자, 숫자를 입력하고 전송 버튼을 누르면 아두이노로 전송 가능해진다. 아두이노에서는 수신된 데이터를 Serial.read() 함수로 확인 가능하다.

Serial.read();
기능: 수신된 데이터를 한 바이트 단위로 읽어옴. 사용된 데이터는 버퍼에서 삭제

digitalRead() 또는 analogRead()와 마찬가지로 함수 호출 후 변수에 반환된 값을 저장하는 방식으로 사용한다. 수신된 데이터를 문자로 받아 저장할 때는 char 자료형으로, 숫자로 저장할 때는 int 자료형으로 사용해야 하는데, 데이터가 없을 시에는 '-1'이 반환된다.

Serial.available();
기능: 수신 버퍼에 저장된 데이터의 개수를 최대 64바이트까지 바이트 단위로 반환

Serial.read() 단독으로 사용되는 경우 보다는 주로 Serial.available()과 같이 사용한다. 다음 장인 문법에서 학습하겠지만 if 조건문과 같이 사용하여 수신된 데이터가 있으면 최소 1 이상이 되므로, 그 경우에만 Serial.read()를 통해 수신된 데이터를 변수에 저장하는 형태로 사용된다.

예제 1-7) 문자와 숫자를 입력받고 출력해 보자.

```
// ex 1
int a;
void setup() {
    Serial.begin(9600);
}
void loop() {
    a = Serial.read();
    Serial.println(a);
    delay(100);
}
```

```
// ex 2
char a;
void setup() {
    Serial.begin(9600);
}
void loop() {
    a = Serial.read();
    Serial.println(a);
    delay(100);
}
```

설명) 위의 1과 2의 방법을 서로 비교해 보자. 변수 a의 자료형이 하나는 int이고, 다른 하나는 char이다. 시리얼 모니터 입력 부분에 1을 입력하고 전송을 눌려보면, ex 1의 경우에는 49가 출력되고, ex 2의 경우에는 1이 출력된다. 그렇다면 49와 '1'이 출력되는 이유는 뭘까? 그림 1-23 아스키 코드표를 살펴보자. 아스키코드는 미국정보교환표준부호(American Standard Code for Information Interchange)를 줄여 ASCII(아스키)라고 부르는데, 총 128개의 출력/비출력 문자에 고유의 번호가 부여되어 있다. 아래는 위키백과 사전에 있는 아스키 코드표이다. 아래 그림 1-23에서 char 열의 문자 1은 10진수로 49를 가리킨다. 따라서 우리가 1을 전송했을 때 정수형 변수(int)에 대입하게 되면 49가 되고, 문자형 변수(char)에 대입되면 문자 '1'이 된다. 두 자릿수, 예를 들어 10을 전송하게 되면 사실 문자 '1'과 문자 '0'을 각각 아두이노로 전송하게 되고, int로 선언한 변수에 대입되면 49와 48이 출력된다.

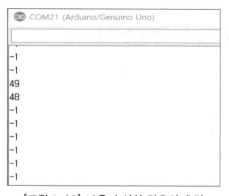

[그림 1-22] 10을 수신한 경우의 출력

ASCII TABLE

Decimal	Hex	Char	Decimal	Hex	Char	Decimal	Hex	Char	Decimal	Hex	Char
0	0	[NULL]	32	20	[SPACE]	64	40	@	96	60	`
1	1	[START OF HEADING]	33	21	!	65	41	A	97	61	a
2	2	[START OF TEXT]	34	22	"	66	42	B	98	62	b
3	3	[END OF TEXT]	35	23	#	67	43	C	99	63	c
4	4	[END OF TRANSMISSION]	36	24	$	68	44	D	100	64	d
5	5	[ENQUIRY]	37	25	%	69	45	E	101	65	e
6	6	[ACKNOWLEDGE]	38	26	&	70	46	F	102	66	f
7	7	[BELL]	39	27	'	71	47	G	103	67	g
8	8	[BACKSPACE]	40	28	(	72	48	H	104	68	h
9	9	[HORIZONTAL TAB]	41	29	)	73	49	I	105	69	i
10	A	[LINE FEED]	42	2A	*	74	4A	J	106	6A	j
11	B	[VERTICAL TAB]	43	2B	+	75	4B	K	107	6B	k
12	C	[FORM FEED]	44	2C	,	76	4C	L	108	6C	l
13	D	[CARRIAGE RETURN]	45	2D	-	77	4D	M	109	6D	m
14	E	[SHIFT OUT]	46	2E	.	78	4E	N	110	6E	n
15	F	[SHIFT IN]	47	2F	/	79	4F	O	111	6F	o
16	10	[DATA LINK ESCAPE]	48	30	0	80	50	P	112	70	p
17	11	[DEVICE CONTROL 1]	49	31	1	81	51	Q	113	71	q
18	12	[DEVICE CONTROL 2]	50	32	2	82	52	R	114	72	r
19	13	[DEVICE CONTROL 3]	51	33	3	83	53	S	115	73	s
20	14	[DEVICE CONTROL 4]	52	34	4	84	54	T	116	74	t
21	15	[NEGATIVE ACKNOWLEDGE]	53	35	5	85	55	U	117	75	u
22	16	[SYNCHRONOUS IDLE]	54	36	6	86	56	V	118	76	v
23	17	[ENG OF TRANS. BLOCK]	55	37	7	87	57	W	119	77	w
24	18	[CANCEL]	56	38	8	88	58	X	120	78	x
25	19	[END OF MEDIUM]	57	39	9	89	59	Y	121	79	y
26	1A	[SUBSTITUTE]	58	3A	:	90	5A	Z	122	7A	z
27	1B	[ESCAPE]	59	3B	;	91	5B	[	123	7B	{
28	1C	[FILE SEPARATOR]	60	3C	<	92	5C	\	124	7C		
29	1D	[GROUP SEPARATOR]	61	3D	=	93	5D	]	125	7D	}
30	1E	[RECORD SEPARATOR]	62	3E	>	94	5E	^	126	7E	~
31	1F	[UNIT SEPARATOR]	63	3F	?	95	5F	_	127	7F	[DEL]

(※출처: 위키백과 사전)

[그림 1-23] 아스키 코드표

하지만 수신된 데이터가 없을 때 Serial.read()를 통해 수신 버퍼의 값을 확인하면 −1 (ex2의 경우는 '□')이 출력된다. 이제 Serial.available() 함수를 이용해 보자.

```
if(Serial.available()>0) {
   int data = Serial.read();
}
```

if(Serial.available()>0)에서 Serial.available()이 1 이상의 값을 지니게 되면 조건이 참이 되어 Serial.read()를 통해 수신된 데이터를 data라는 정수형 변수에 대입할 수 있게 된다. 앞에서도 언급했지만, Serial.availalbe()함수는 수신 버퍼에 저장된 데이터의 개수를 반환한다. 즉 1byte이면 1이, 2byte이면 2가 반환되게 된다. 수신된 데이터가 있으면 참이 된다는 말이 된다. 아래의 예제를 통해 학습해 보자.

예제 1-8) 문자와 숫자 입력받아 출력한다.

`// ex 1`
`char data;`
`void setup() {`
`    Serial.begin(9600);`
`}`
`void loop() {`
`    if(Serial.available()>0) {`
`        data = Serial.read();`
`        Serial.println(data);`
`        delay(100);`
`    }`
`}`
	`// ex 2`
	`char data;`
	`void setup() {`
	`    Serial.begin(9600);`
	`}`
	`void loop() {`
	`    if(Serial.available()>0) {`
	`        data = Serial.read();`
	`    }`
	`    Serial.println(data);`
	`    delay(100);`
	`}`

설명) 예제 1-7에서는 수신된 데이터가 있는 경우만 그 값이 출력되고 나머지의 경우는 -1 또는 'ㅁ'가 출력되는데 이 예제는 수신된 데이터가 적어도 1 이상이 되어야 data가 update 되므로, data의 값이 유지가 된다. ex 1)은 데이터가 수신되면 단 번만 그 data를 출력하게 되고, ex 2)는 수신된 데이터의 값을 유지한 채 100ms마다 계속하여 출력하는 차이가 있다.

Serial.write();

기능: 바이트 단위의 데이터를 출력

Serial.write()는 아래의 예제를 통해 이해해 보자.

예제 1-9) Serial.print()와 Serial.write()의 차이를 이해한다.

```
int data=65;
void setup() {
    Serial.begin(9600);
}
void loop() {
```

```
        Serial.print(data);
        Serial.print(' , '); // 출력할 두 데이터 사이를 쉼표(,)로 구분
        Serial.write(data);
        Serial.write(10); // 아스키 코드표 10은 줄 바꿈(개행)
        delay(1000);
        data++;
    }
```

설명) data 변수가 65 초깃값에서부터 1초 단위로 1씩 증가할 것이라고 예상할 수 있을 것이다. data를 print() 함수로 출력하면 65가 출력되고, write() 함수로 출력하면 65에 해당하는 한 byte의 값인 대문자 'A'가 출력된다. 1씩 증가될 때마다 66, 'B', 67, 'C'가 차례로 출력된다. 참고로 Serial.write(10)은 아스키 코드표 10에 있는 line feed(개행)를 통해 줄 변경이 된다. Serial.print(10)은 당연히 10이 출력된다.

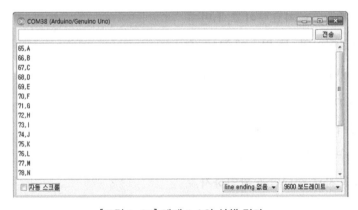

[그림 1-24] 예제 1-9의 실행 결과

문자형 변수 char, 정수형 변수 int, 그리고 Serial.print와 Serial.write의 비교를 아래의 예제를 통해 한 번 더 이해해 보자.

예제 1-10) Serial.print()와 Serial.write()의 차이를 비교하자.

```
int a=48;
char b=48;
void setup() {
  Serial.begin(9600);
  Serial.print("int(48)=");
  Serial.print(a);
  Serial.print(",char(48)=");
  Serial.print(b);
  Serial.print(",int(48)=");
  Serial.write(a);
  Serial.print(",char(48)=");
  Serial.write(b);
}
void loop() {
}
```

설명) a 변수는 int 자료형이고, b변수는 char 자료형이며, 두 변수에 모두 48을 대입하였다. a, b 변수를 Serial.print와 Serial.write 함수를 이용하여 출력하면 그림과 같은 결과가 출력된다. write() 함수는 자료형에 상관없이 항상 아스키 문자로 출력함을 확인하자.

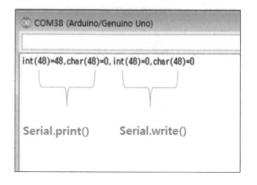

Arduino Control

CHAPTER 2
문법

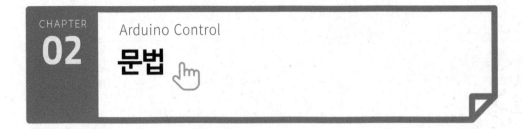

이번 장에서는 본격적으로 C 프로그래밍 문법에 대해 설명하도록 한다. 자주 사용되는 기본 문법 위주로 설명할 것이며 최대한 쉽게 이해할 수 있도록 노력하였다. 연산자에 대한 설명을 시작으로 제어문, 반복문, 배열 그리고 함수에 대해 이번 장에서 다룬다.

2.1 연산자

연산자는 우리가 초등학교 이후로 연산에 사용했던 사칙연산자(+,-,*,/)부터 논리적으로 참과 거짓을 판단하는 연산자, 비교를 위한 연산자 등 다양한 연산자가 있다.

2.1.1 대입 및 산술 연산자

이미 우리는 대입 연산에 대해서는 살펴보았다. 물론 4칙 연산 역시 어렵지 않게 이해할 수 있을 것이다. 다만 테이블의 제일 아래쪽에 있는 % 연산자는 처음 볼 수 있는데 표 2-1의 예처럼 5%2를 하게 되면 5/2를 수행하고 나머지 값 1을 결과로 반환한다.

[표 2-1] 대입 및 산술 연산자

연산자	연산자 기능
=	대입 연산자로, 우변의 값을 좌변에 대입
+	number = 1+2; // 1과 2의 합을 number에 대입 (대입 연산자와 덧셈 연산자 사용됨)
−	number = 2−1; // 2와 1의 차가 number에 대입 (대입 연산자와 뺄셈 연산자 사용됨)
*	number = 1 * 2; // 1과 2의 곱이 number에 대입 (대입 연산자와 곱셈 연산자 사용됨)
/	number = 2 / 1; // 2를 1로 나눈 몫이 number에 대입 (대입 연산자와 나눗셈 연산자 사용됨)
%	number = 5 % 2; // 5를 2로 나눈 나머지가 number에 대입 (대입 연산자와 나머지 연산자 사용됨)

그리고 프로그래밍에서는 중복되는 것을 줄여 표현하려는 철학을 가지고 있으므로 복합 대입 연산자도 존재한다. 처음 프로그래밍을 배우게 되는 경우는 익숙하지 않겠지만 자주 사용하게 된다.

[표 2-2] 복합 대입 연산자

연산자	연산자 기능
+=	number += 1; → number = number +1 ;
−=	number −= 1; → number = number −1 ;
*=	number *= 1; → number = number *1 ;
/=	number /= 1; → number = number / 1 ;

또한, 단순 증감을 위해서는 아래의 특별한 연산자도 존재한다.

[표 2-3] 증감 연산자

연산자	연산자 기능
++	num++; num 변수의 값이 +1씩 증가됨 (후 증가) 해당 문장 진행 후, 값을 1 증가
	++num; num 변수의 값이 +1씩 증가됨 (선 증가) 값을 먼저 1 증가 시킨 후, 해당 문장 진행
--	num--; num 변수의 값이 -1씩 감소됨 (후 감소) 해당 문장 진행 후, 값을 1 감소
	--num; num 변수의 값이 -1씩 감소됨 (선 감소) 값을 먼저 1 감소시킨 후, 해당 문장 진행

증감시켜야 되는 순서에 따라 변수 앞 또는 뒤에 ++(증가 연산자), --(감소 연산자)가 오게 되는데, 필자의 경우는 후 증감을 많이 사용한다.

2.1.2 관계 연산자 및 논리 연산자

우리가 위에서 살펴본 산술 연산자만큼 자주 사용되는 연산자가 있는데 바로 관계 연산이다. 이 연산 역시 우리에게 익숙한 모습이다. 관계 연산자(>, <, ==)를 기준으로 좌항과 우항의 비교를 통해 참과 거짓으로 판단할 수 있는데, 프로그래밍에서는 참일 경우 1을 반환하고(즉 1이 되고), 거짓일 경우 0을 반환한다. if 조건문은 2.2절에서 상세히 설명한다.

[표 2-4] 관계 연산자

연산자	연산자 기능
<	if (num1 < num2) num1이 num2보다 작은가?
>	if (num1 > num2) num1이 num2보다 큰가?

==	if (num1 == num2) num1과 num2가 같은가?
!=	if (num1 != num2) num1과 num2가 같지 않는가?
<=	if (num1 <= num2) num1이 num2보다 같거나 작은가?
>=	if (num1 >= num2) num1이 num2보다 같거나 큰가?

프로그래밍을 하다 보면 여러 조건들이 사용될 것이고 이 여러 조건들이 모두 충족되거나(AND) 또는 하나의 조건만이라도 충족되면(OR), 또는 충족되지 않으면 (NOT) 실행해야 될 경우가 발생한다.

AND 연산자는 '&&'로 사용하며 '&&'를 기준으로 좌항과 우항 모두 참일 경우 결괏값으로 1을 반환하게 된다. OR 연산자는 '||'로 사용되며 '||'를 기준으로 좌항과 우항 중 단 하나라도 참일 경우는 결괏값으로 1을 반환하며, NOT 연산자는 '!'로 참일 경우는 거짓으로 거짓일 경우는 참으로 반전시킨다.

[표 2-5] 논리 연산자

연산자	연산자 기능
&&	if ((num1 < num2) && (num3 < num4)) &&를 중심으로 좌항과 우항이모두 참이면 참으로 반환
||	if ((num1 < num2) || (num3 < num4)) ||를 중심으로 좌항과 우항 중 하나만 참이라도 참으로 반환
!	if (!(num1 < num2)) ! 이후의 조건이 참이면 거짓, 거짓이면 참으로 반환

2.2 제어문

아두이노와 같은 마이크로컨트롤러를 이용하는 경우의 대부분이 시스템을 제어하기 위해서다. 제어라는 의미는 어떤 입력이나 외란이 주어졌을 때, 또는 설정한 시간이 되었을 때와 같은 예상한 조건이 만족하게 되면 약속된 동작을 실행하는 것을 말한다. 즉 "만약 A 조건이 참이 되었다면, B 동작을 한다."라는 것이 프로그래밍에서는 제어문이 된다.

2.2.1 if 문

C언어에서 가장 많이 사용되는 문법이 바로 if 문이다. if가 '만약'이라는 뜻을 가지고 있듯이 프로그래밍에서는 '만약 참이라면'이라는 뜻을 가지고 있다. 사용방법은 아래와 같다.

형식

```
if(조건식)  {
    statement;
}
```

조건식의 결과에 따라 실행되거나 실행되지 않을 수 있는데, 이 조건식이 참이 되면 중괄호 안의 문장들을 실행하게 되고, 만약 거짓이면 중괄호를 제외한 다음 문장이 실행된다. 여러 문장들이 있다면 중괄호가 필요하지만, 만약 조건에 따라 실행해야 하는 문장이 한 문장이라면 굳이 중괄호로 묶을 필요 없다. 앞서 살펴봤었던 연산자들과 함께 사용되며 그 예를 살펴보자.

예제 2-1) 아래에서 On이 되는 LED를 찾아본다.

```
int a=10;
void setup() {
```

```
  pinMode(11,OUTPUT); // LED1
  pinMode(12,OUTPUT); // LED2
  pinMode(13,OUTPUT); // LED3
}


void loop() {
  if(a>9){   // 조건 참, 실행
    digitalWrite(11,1);  // LED1 ON
  }
  if(a>=10){  // 조건 참, 실행
    digitalWrite(12,1); // LED2 ON
  }
  if(a>11){   // 조건 거짓, 실행 안함
    digitalWrite(13,1); // LED3 ON
  }
}
```

설명) if가 세 개 있으므로, 세 번 모두 조건의 참과 거짓을 판단해야 한다. a의 값이 10이므로, 첫 번째 조건식과 두 번째 조건식이 참이 되어 11번과 12번의 LED는 On 된다. 위에서도 언급했듯이 if에 해당되는 영역이 단 한 줄이라면 중괄호가 생략 가능하므로 아래와 같이 사용해도 무방하다.

```
  if(a>9){
    digitalWrite(11,1);    ⟶    if(a>9) digitalWrite(11,1);
  }
```

2.2.2. if ~ / else ~

if뿐만이 아니라 else와 같이 이용하여 더 강력한 제어문을 만들 수 있다. else는 사전적 의미로 '또 다른'이란 의미를 가지고 있는데, else 단독으로 사용될 수 없으며 항상 if와 함께 사용해야 한다.

형식

```
if(조건식)   {
    statement1;
}
else {
    statement2;
}
```

기억해야 할 것은 if와 else는 반드시 둘 중 하나만 실행된다는 것이다.

if의 조건식이 참이면 statement1을 실행하고, if의 조건식이 거짓이면 statement2를 실행하게 되므로, statement1과 statement2가 모두 실행될 순 없다.

else 다음에는 조건식이 올 수 없으며, else 다음에 조건식을 사용하기 위해서는 else if를 사용해야 한다. (2.2.3 참조)

다음의 예제를 한 번 살펴보자.

예제 2-2) LED가 서서히 밝게 켜지다가, 최댓값(255)에 도달하면 유지하도록 해보자.

LED는 analogWrite가 가능한 9번에 연결한다.

```
int led=9;
int t =30;
int a=0;
void setup() {
  pinMode(led,OUTPUT);    // 생략가능
  Serial.begin(9600);
```

```
}
void loop() {
  if(a>=255)    a=255;
  else   a++;    // a<255 이면 1씩 증가
  analogWrite(led,a);
  Serial.println(a);
  delay(t);
}
```

설명) 변수 a는 초깃값으로 0을 가진다. 따라서 if의 조건식은 거짓이 되므로 else
의 영역에 있는 a++이 실행된다. 30ms 주기로 a가 1씩 증가되어 a가 255가 되는
순간 a는 더 이상 증가되지 않고 255로 고정된다. 즉 30ms의 마다 LED가 점점 밝
아지며, 최대 밝기까지 증가되면 그 밝기를 유지하게 된다.

예제 2-3) 가변저항을(A0 연결) 이용하여, 가변저항의 값이 500보다 크면 9번에
연결된 LED를 On 하고, 500보다 작으면 LED를 Off 한다.

```
int LED = 9;
int po;
void setup() {
  pinMode(LED, OUTPUT);
  pinMode(A0,INPUT); // 생략 가능
}
void loop() {
  po = analogRead(A0);
  if (po >=500)    digitalWrite(LED, HIGH);
  else    digitalWrite(LED, LOW);
}
```

설명) po의 변수에 가변저항을 통해 계측한 전압값(0~5V의 경우 0~1023)이 저장

되고, 500보다도 큰 순간 LED가 On 된다.

사실 if 단독으로 사용하는 경우보다는 else를 같이 사용하는 경우가 더 일반적이며, 만약 else 이하에 추가할 내용이 없어 비워 놓게 되더라도 습관적으로 else를 사용하는 것이 좋다. if의 조건에 해당되지 않는 다른 경우들에 대해서도 항상 고려되어야 하기 때문이다.

2.2.3 if ~ / else if ~ / else ~

조건이 하나가 아니라 여러 개가 필요할 때도 있다. 이때는 else if를 원하는 만큼 추가하면 된다.

형식

```
if(조건식1)    {    // 1번 조건식이 참이면 실행
    statement;
}
else if(조건식2) { // 1번 조건식이 거짓이고
    statement;      // 2번 조건식이 참이면 실행
}
else {              // 조건식 1, 2 모두 거짓이면 실행
    statement;
}
```

예를 들어 고객이 돈이 얼마나 있는지를 묻고 입력한 돈에 따라서 살 수 있는 것을 알려주는 프로그램을 만든다고 하자.
그러면 아래와 같이 프로그래밍 될 수 있다.

돈이 얼마인가? → 사용자로부터 입력받음 → 5,000원 이하이면 A 물건 추천 → 10,000원 이하이면 B 물건 추천 → 그 이상이면 C 물건 추천

보유 돈 = 사용자로부터 입력받음;

if (보유 돈 <= 5000) A물건 추천;

else if (보유 돈 <= 10,000) B물건 추천;

else C 물건 추천;

if ~ / else if ~ / else ~에서 else는 생략 가능하다. 또한, else if의 개수는 제한이 없다. 기억해야 할 것은 if / else에서처럼 if / else if / else가 한 문장이라는 사실이다. 즉 만약 첫 번째 if의 조건식이 참이 되면 아래의 else if 조건식들이 참이어도 첫 번째 if 문만 수행하게 된다. 몇 가지 예를 통해 이해해 보자.

예제 2-4) 9번에 연결된 LED가 서서히 밝아지다가 최대 밝기에 도달하면, 다시 서서히 어두워지기를 반복하도록 한다.

```
int led = 9;
int bright =0;
int flag=1;
void setup() {
  pinMode(led, OUTPUT);
}
void loop() {
  if(bright>=255) flag=0;
  else if(bright<0) flag=1;

  if(flag == 1) bright++;
  else if(flag ==0) bright--;
  analogWrite(led, bright);
  delay(10);
}
```

설명) bright는 초깃값으로 0이므로, 첫 번째 if와 else if는 둘 다 거짓이다. 그리고

flag의 초깃값은 1이므로, bright는 10ms 주기로 1씩 증가가 되고, 9번에 연결된 LED는 점점 밝아지게 된다. 만약 증가된 bright가 255가 되는 순간 flag는 0으로 변경되고, bright를 감소하게 만들어 LED는 점점 어두워진다. 여기서 else는 생략되었지만 비어 있는 else가 있어도 상관이 없다.

위와 같이 상태를 유지할 수 있는 변수(위의 프로그램에서는 flag)를 이용하여 이 변수가 변경되기 전까지는 일정한 동작을 수행하고, 변수가 변경되면 다른 동작을 수행하도록 하는 프로그래밍 방법은 익숙해질 필요가 있다. 이후에도 flag를 이용하는 많은 예제가 소개되므로, 현재는 이렇게 프로그래밍할 수 있다는 정도로 이해하길 바란다.

이번에는 다른 예제를 살펴보자.

예제 2-5) LED는 7번과 8번에 연결하고, 가변저항은 A0에 연결한다. 가변저항의 값이 1023~700 사이이면 7번에 연결된 LED 1만 On 하고, 699~400 사이이면 8번에 연결된 LED 2만 On 한다. 399 이하이면 LED 1, 2 모두를 On 한다.

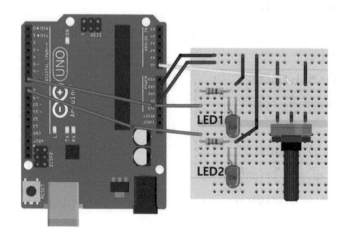

[그림 2-1] 예제 2-5의 연결도

```
// 방법1
void setup() {
  pinMode(7, OUTPUT);  // LED 1
  pinMode(8, OUTPUT);  // LED 2
}
void loop() {
  po = analogRead(A0);
  if ((po >= 700) && (po <=1023))  {// 700 <= po <=1023
    digitalWrite(7, HIGH);
    digitalWrite(8, LOW);
  }
  else if ((po >=400) && (po <= 699)) {// 400 <= po <=699
    digitalWrite(7, LOW);
    digitalWrite(8, HIGH);
  }
  else if(po <= 399) && (po >= 0))  { // 0 <= po <=399
    digitalWrite(7, HIGH);
    digitalWrite(8, HIGH);
  }
  else ; // else에 입력할 내용이 없으면 생략 가능
}
```

```
// 방법 2                              // 방법 3
void loop() {                          void loop() {
  po = analogRead(A0);                   po = analogRead(A0);
  if ((po >= 700)&&(po <=1023))          if (po >= 700) {
{                                          digitalWrite( 7, HIGH);
    digitalWrite( 7, HIGH);              digitalWrite(8, LOW);
    digitalWrite(8, LOW);              }
}                                      else if (po >=400)
else if ((po >=400) && (po             {
<=699))                                  digitalWrite( 7, LOW);
{                                        digitalWrite(8, HIGH);
  digitalWrite( 7, LOW);               }
  digitalWrite(8, HIGH);             else // 399이하이면
}                                      {
else // po가 399 이하이면                 digitalWrite( 7, HIGH);
{                                        digitalWrite(8, HIGH);
  digitalWrite( 7, HIGH);              }
  digitalWrite(8, HIGH);             }
}
}
```

설명) 방법 1에서 방법 3까지 모두 같은 결과를 가지는데, 점점 코드의 길이가 짧아지고 가독성이 좋아지는 것을 볼 수 있다. 방법 1, 2의 조건식은 and 연산자 (&&)를 이용하여 범위를 정확하게 지정했지만 방법 3은 굳이 and 조건 없이도 사용할 수 있음을 제시하였다.

예제 2-6) 버튼은 아두이노의 2번과 3번에 풀업으로 연결하고, 가변저항은 A0에 연결한다. 가변저항을 통과한 전압이 3~5V 사이이면 버튼의 두 개 중 하나만 눌려져도 LED를 On 하고 나머지의 경우는 LED를 Off 하도록 한다.

힌트) analogRead로 읽어 들인 전압이 5V일 경우는 1023이 된다.

3V는 1023:5 = x:3이 되고, x의 값은 3069/5 약 614가 된다.

```
int p,b1,b2;
int led=11;
int button1=2;
int button2=3;
void setup() {
   pinMode(led, OUTPUT);
   pinMode(button1, INPUT_PULLUP); // 아두이노 내부 풀업저항 이용
   pinMode(button2, INPUT_PULLUP); // 아두이노 내부 풀업저항 이용
}

void loop() {
  p= analogRead(A0);        // 가변저항의 상태 확인을 위한 변수 p
  b1= digitalRead(button1); // 첫 번째 버튼의 상태 확인을 위한 변수 b1
  b2= digitalRead(button2); // 두 번째 버튼의 상태 확인을 위한 변수 b2
  if ((p>=614) && ((b1 == 0) || (b2 == 0)))    digitalWrite(led,HIGH);
  else    digitalWrite(led,LOW);
}
```

설명) 가변저항을 통과한 전압이 3V에서 5V 사이의 경우는 analogRead()를 통해
감지한 전압 값이 614에서 1023 사이에 해당한다. 따라서 p>=614 && p <=1023
의 조건이 보다 정확하겠지만, p>=614가 되어도 동일한 조건이 된다. 또한, 두 버
튼 중에 아무 버튼이 눌려져도 상관 없으므로, 두 버튼의 상태를 나타내는 변수
는 or 조건(||)으로 연결될 수 있다. 따라서 LED를 On 하는 조건은 다음과 같이
if ((p)=614) && ((b1 == 0) || (b2 == 0)))가 되며, 나머지 조건에서는 LED를 Off
하게 된다.

아래의 프로그램과도 동일한 결과를 가져온다. (loop 이하)
이중 if문을 이용하여 and 조건을 대신하였고, if와 else if를 이용하여 or 조건을
대신하였다.

```
void loop() {
  p= analogRead(A0);         // 가변저항의 상태 확인을 위한 변수 p
  b1= digitalRead(button1);  // 첫 번째 버튼의 상태 확인을 위한 변수 b1
  b2= digitalRead(button2);  // 두 번째 버튼의 상태 확인을 위한 변수 b2
 if ((p>=614)  {              // 가변저항이 614보다 크고
    if (b1 == 0) digitalWrite(led,HIGH); // 첫 번째 버튼이 눌려지면
    else if(b2 == 0) digitalWrite(led,HIGH); // 두 번째 버튼이 눌려지면
 }
 else  digitalWrite(led,LOW);  // 가변저항이 614보다 작으면 LED Off
}
```

예제 2-7) 시리얼 모니터로부터 'a'라는 문자를 3번 이상 받으면 13번 LED가 켜지고 "LED ON"이라고 화면에 출력한다.

```
int data;
int num = 0;
void setup(){
    pinMode(13, OUTPUT);
    Serial.begin(9600);
}
void loop(){
    data = Serial.read();
    if(data == 'a') { // 'a' 대신에 97도 가능('a' == 97)
        num++;
        if (num >=3) {
            digitalWrite(13, HIGH);
            Serial.println(" LED ON ");
        }
    }
}
```

설명) 'a'라는 문자를 받으면 if(data == 'a')가 참이 되어 num이라는 변수가 증가하게 되고, 횟수가 3회 이상이 되면, LED가 On 되고, "LED ON"이라고 출력된다. 'a'라는 문자는 아스키코드표에서 97에 해당되므로 'a' 대신에 97도 가능하다.

2.3 반복문

스케치에서 새 파일을 생성시키면 빈 화면에 setup 함수와 loop 함수가 나온다. 여기서 loop 함수는 전원이 제거되기 전까지 계속하여 반복적으로 수행하게 된다. 하지만, C프로그래밍에는 정해진 횟수만큼을 반복 실행할 수 있는데 for를 이용하거나 while을 이용하면 된다.

2.3.1 for 반복문

우리가 여태껏 학습한 문법만을 이용하여 아두이노 13번의 LED를 2회만 On / Off 해보자. 아마도 제일 쉬운 접근법은 아래와 같을 것이다.

예제 2-8) LED 단 2회만 On/Off 한다.

```
ex 1)
 void setup(){
    pinMode(13, OUTPUT);
    Serial.begin(9600);
    digitalWrite(13, 1);
    delay(100);
    digitalWrite(13, 0);
    delay(100);
    digitalWrite(13, 1);
    delay(100);
    digitalWrite(13, 0);
    delay(100);
 }
 void loop(){
 }
```

```
ex 2)
void setup(){
    pinMode(13, OUTPUT);
}
void loop(){
    digitalWrite(13, 1);
    delay(100);
    digitalWrite(13, 0);
    delay(100);
    digitalWrite(13, 1);
    delay(100);
    digitalWrite(13, 0);
    delay(100);
}
```

설명) 이 예제를 해결하기 위해 먼저 떠오르는 생각은 ex 2번 방법일 수도 있다. 하지만 오른쪽 방법으로 프로그래밍하면 On/Off가 무한히 반복된다. 그렇다. loop() 함수는 setup() 함수와는 다르게 전원을 종료하거나 특정 이벤트가 발생하기 전까지 무한히 반복 실행되기 때문이다.

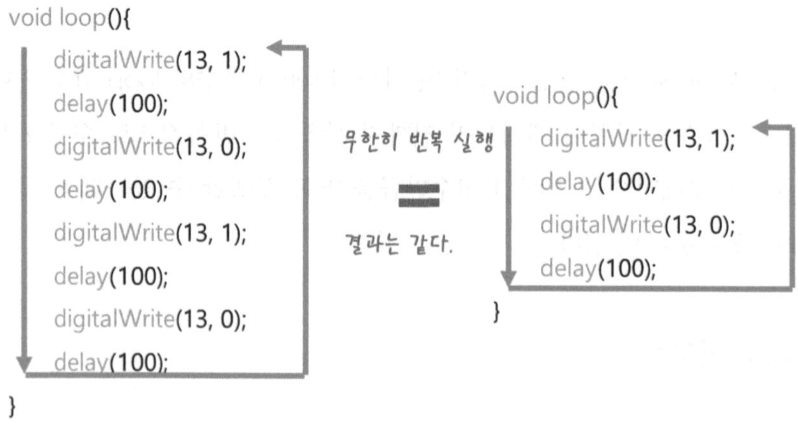

```
void loop(){
    digitalWrite(13, 1);
    delay(100);
    digitalWrite(13, 0);
    delay(100);
    digitalWrite(13, 1);
    delay(100);
    digitalWrite(13, 0);
    delay(100);
}
```

무한히 반복 실행

=

결과는 같다.

```
void loop(){
    digitalWrite(13, 1);
    delay(100);
    digitalWrite(13, 0);
    delay(100);
}
```

[그림 2-2] loop() 함수 이해(반복 실행)

물론 아래와 같이 접근할 수도 있다.

```
int count;
void setup() {
  pinMode(13, OUTPUT);
}
void loop() {
  if(count<2){ // 조건식이 참이 될 때까지 실행 (2회)
    digitalWrite(13, 1);
    delay(100);
    digitalWrite(13,0);
    delay(100);
    count++; // 증감을 통한 탈출 조건
  }
}
```

위의 프로그램이 어렵지 않다면, for문과 while문도 어렵게 느껴지지 않을 것이다.

for문은 한 줄 안에 변수의 초깃값과 이 변수를 이용한 조건식(참이면 실행, 거짓이면 탈출), 그리고 변수의 증감(증가 또는 감소)이 모두 표현되어야 한다.

형식은 아래와 같다.

형식

```
for (초깃값 ; 조건식 ; 증감)
{
    statement;
}
```

예를 들어 다음의 경우를 생각해 보자.

```
for(i=0; i<=4; i++) // i가 최초 0에서 i가 1씩 증가하여 5가 되기 전까지 실행
{
  digitalWrite(13, HIGH);
  delay(1000);
  digitalWrite(13, LOW);
  delay(1000);
}
digitalWrite(12, HIGH);
```

13번에 연결되어 있는 LED를 On/Off 하는 프로그램인데, 몇 번이나 반복될까?

i의 초깃값은 0이 되고, i를 1씩 증가시켜 i가 4보다 클 때까지 실행되므로 총 5회 반복된다.

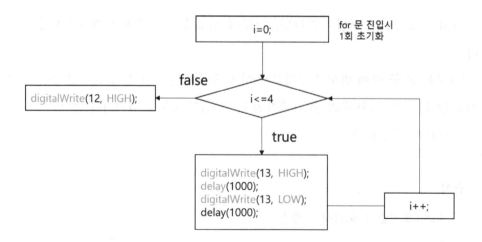

[그림 2-3] for문의 흐름 이해

하지만 위의 for문이 setup 속에 있다면 5회만 실행되겠지만, loop 속에 있다면 어떻게 될까? for문을 빠져나와 다시 loop의 시작 위치로 가서 for문으로 재진입하게 되면 i 변수는 다시 0으로 변경된다. 즉 무한히 반복하게 된다.

아래의 프로그램을 확인해 보자.

```
int i;
void setup() {
    for(i=3; i<14; i++)      // 3번부터 13번까지 모든 pin을
        pinMode(i,OUTPUT);   // OUTPUT으로 설정
}
void loop() {
    for(i=3; i<14; i++) {    // 3번부터 13번까지 순차적으로 On/Off 실시
        digitalWrite(i,1);
        delay(100);
        digitalWrite(i,0);
        delay(100);
    }
}
```

setup을 우선 살펴보면, pinMode를 3번 핀에서 13번 핀까지 모두 OUTPUT으로 설정했다. 11줄이 단 2줄로 줄어드는 순간이다. for에 속한 문장이 단 한 문장이므로 중괄호는 생략되었다.

loop는 계속해서 반복 수행하게 되므로, for 안의 i는 최초 3에서 13까지 11번 수행하게 되고, for문을 벗어나 다시 for문으로 재진입하면서 i는 3부터 13까지 반복하여 실행된다. 아래의 예제를 보면서 for 반복문에 대한 이해를 높여 보자.

예제 2-9) 위의 프로그램을 변경하여 3번부터 13번까지의 LED를 단 한번씩만 On/Off 한다.

```
int i=3;
void setup() {
    Serial.begin(9600);
    for(i; i<14; i++)
        pinMode(i,OUTPUT);
    i=3; // for문을 나온 i의 값은 14이므로, 3으로 변경
}
void loop() {
    for(i; i<14; i++) { // i는 3에서 13이 될 때까지 반복
        digitalWrite(i,1);
        delay(100);
        digitalWrite(i,0);
        delay(100);
        Serial.println(i);
    }
}
```

설명) setup() 함수에서 i는 3부터 13까지 증가하게 되고, 14가 될 때 for문을 벗어난다. 그 후 다시 i는 3으로 변경되어 loop 함수의 for문으로 진입하게 된다. i가 13이 될 때까지 증가한 후 14가 되면 탈출하여 다시 재진입 시의 i는 14가 되므로 조

건이 거짓되어 단 1회씩만 LED가 On 된다. 만약 이해하기 어렵다면 아래를 살펴보자.

```
int i = 3;
void setup() {
  Serial.begin(9600);
}
void loop() {
  for (i ; i<14 ; i++){
    Serial.println(i);  / 3~13까지 출력
  }
  Serial.println(i);  // 14 출력
  delay(100);
}
```

설명) i의 초깃값이 3이므로, for문에서 3부터 13이 될 때까지 반복하여 i 값을 출력한다. i가 14가 되면 for문의 조건을 만족하지 못하므로, for문을 탈출한다. 탈출 시의 i가 가진 값은 14이므로, 다시 for문으로 진입하지 못하고 계속하여 14를 출력하게 된다.

예제 2-10) for문을 사용하여 11번에 연결된 LED가 서서히 밝아졌다, 다시 어두워지기를 반복하기로 한다. (LED Dimming 제어)

```
int i;
void setup() {
    pinMode(11,OUTPUT); // analogWrite 가능한 핀 설정, 생략 가능
}
void loop() {
    for(i; i<=254; i++){ // 서서히 밝아지는 코드
      analogWrite(11, i);
      delay(10);
    }
    for(i; i>=1; i--){ // 서서히 어두워지는 코드
      analogWrite(11, i);
      delay(10);
    }
}
```

설명) loop의 첫 번째 for문에 진입 시에는 i가 0부터 254까지 증가되며, analogWrite()를 통해 서서히 LED가 밝아지게 된다. 255가 되면 for문을 탈출하게 되고, 두 번째 for문 진입 때에는 i가 255부터 1까지 감소하게 되어 LED가 서서히 어두워지게 된다. 0이 되면 탈출하여 다시 Loop의 첫 번째 for문 진입 시 i의 값은 0이 된다.

for문은 이후에 다룰 배열과 함께 자주 사용되며, 반드시 이해해야 할 부분이다.

2.3.2 while 반복문

for 반복문과 while 반복문은 사용 형식에 차이가 있을 뿐 큰 차이는 없다.
while문 역시 초깃값, 조건식, 증감이 사용되지만, for 반복문과의 차이는 한 줄로 표현되는지, 아닌지의 차이가 있다.

형식

```
while(조건식)
{
    조건식이 참인 동안 실행할 문장들;
    조건식을 거짓으로 만들 증감식 (탈출 조건);
}
```

for문	while문
``int i;
for(i=0; i<=4; i++)
{
digitalWrite(13, HIGH);
delay(1000);
digitalWrite(13, LOW);
delay(1000);
}
digitalWrite(12, HIGH);```	```int i=0; // 초깃값
while(i<=4)   // 조건식
{
digitalWrite(13, HIGH);
delay(1000);
digitalWrite(13, LOW);
delay(1000);
i++;   // 탈출 조건
}
digitalWrite(12, HIGH);```

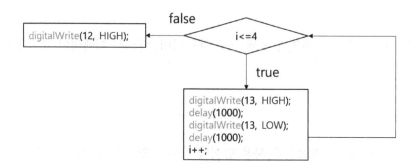

[그림 2-4] while 문의 흐름 이해

예제 2-11) while 반복문을 이용하여 위의 예제(2-10)를 다시 한번 살펴보자.

```
int i=0;
void setup() {
    pinMode(11,OUTPUT);
}
void loop() {
    while(i <=254)  { // i=0에서 254까지 반복 수행
      analogWrite(11,i);
      delay(10);
      i++;
    }
    while(i >0)   { // i=255에서 1까지 반복 수행
      analogWrite(11,i);
      delay(10);
      i--;
    }
}
```

설명) i는 전역변수로 프로그램 상단에 선언되어 있다. i =0으로 초기화시켰지만, 전역변수의 특성상 0으로 지정하지 않아도 0으로 초기화된다. 첫 번째 while문의 조건이 참이 되므로, 거짓이 될 때까지 255번 실행되고, 255가 되는 순간 첫 번째 while문을 탈출하고 두 번째 while문에 진입하게 된다. 두 번째 while문 역시 255번 실행되고 0이 되는 순간 탈출하여 다시 첫 번째 while문에 진입하게 된다.

만약에 while문 내부에 탈출 조건인 증감 식이 없거나 while의 조건식이 잘못되면 한 번도 실행이 안되거나 무한히 반복 실행될 수 있음을 주의해야 한다.

하지만 무한히 반복 수행되는 무한루프를 만들어서 사용하기도 한다.

for문의 무한루프는 for(; ;)로 표현하며, while문은 while(1)로 표현한다.

예제 2-12) 버튼이 눌려져 있는 동안에 계속해서 i 변수를 증가시키고, i의 값을 출력하려 한다. 아래의 프로그램은 정상으로 동작하는가?

```
int i,data;
void setup() {
  Serial.begin(9600);
  pinMode(3, INPUT_PULLUP);
}
void loop() {
  data = digitalRead(3);
  while(data = LOW){ // data == LOW와 비교
    i++;
    Serial.println(i);
    data = digitalRead(3);
  }
}
```

설명) data == LOW의 경우는 버튼이 눌려 있는 동안에만 i가 증가하며 출력되지
만, data = LOW인 경우에는 거짓이 되어 while() 안으로 진입이 안 된다. 반대로
data = HIGH가 되면 버튼의 눌려짐과는 상관없이 계속 참이 된다.

예제 2-13) 다음의 두 프로그램은 어떤 차이가 있을까?

```
int i;
void setup() {
  Serial.begin(9600);
}
void loop() {
  while(i<=2){
    i++;
    Serial.println(i);
  }
}
```

```
int i;
void setup() {
  Serial.begin(9600);
}
void loop() {
  while(i<=2){
    Serial.println(i);
    i++;
  }
}
```

설명) 두 프로그램은 i++ 의 위치가 차이 있다. 결과가 똑같을 것으로 예상되지만 차이는 있다. while() 반복문은 두 프로그램 모두 3회 실행되지만, 왼쪽의 경우 1, 2, 3이 출력되고, 오른쪽은 0, 1, 2가 출력되는 차이가 있다.

예제 2-14) while()문을 사용하여 13번에 연결된 LED를 3회 On/Off 한 후 시리얼 모니터에 "1"이라고 프린트하고, 다시 3회 On/Off 한 후 "2"라고 프린트하자. "5" 까지 반복하여 프린트됨과 동시에 "Finish"라고 출력되고, LED도 Off 되도록 하자.

```
// 방법 1.
int count;
void setup() {
   Serial.begin(9600);
   pinMode(13, OUTPUT);
}
void loop() {
   while(count<15){ // 3회 X 5번 = 15회
     digitalWrite(13, 1);
     delay(200);
     digitalWrite(13,0);
     delay(200);
     count++;
     if(count==3) Serial.println("1"); // 3번째 On/Off
     else if(count==6) Serial.println("2"); // 6번째 On/Off
     else if(count==9) Serial.println("3"); // 9번째 On/Off
     else if(count==12) Serial.println("4"); // 12번째 On/Off
     else if(count==15) { // 15번째 On/Off
       Serial.println("5");
       Serial.println("Finish");
     }
   }
}
```

설명) 위의 프로그래밍은 예제에 가장 직관적인 풀이 방법이다. LED가 1회 On/Off 후 count가 1씩 증가되어 15가 될 때까지 진행되고, 그 사이 3, 6, 9, 12, 15인 경우에 해당 임무를 수행하게 된다. 아래의 방법들도 한 번 살펴보자.

```
// 방법 2.
int count, num;
void setup() {
    Serial.begin(9600);
    pinMode(13, OUTPUT);
}
void loop() {
    while(count<5){
        digitalWrite(13,1);
        delay(200);
        digitalWrite(13,0);
        delay(200);
        num++;
        if(num%3 == 0) { // num 변수가 3의 배수이면 참이 됨(3,6,9,12,15)
          count++;
          Serial.println(count);
        }
        if(count==5) Serial.println("finish");
    }
}
```

설명) num 변수는 LED가 On/Off 될 때마다 1씩 증가된다. 3회째, 6회째, 9회째, 12회째, 15회째, 즉 3의 배수가 될 때마다 count를 증가시키고, count가 5회째 되면 while()문 탈출 전에 "finish"를 출력한다. 다음 프로그램은 이중 while()을 이용한 것이다.

```
// 방법 3.
int count, num;
void setup() {
  Serial.begin(9600);
  pinMode(13, OUTPUT);
}
void loop() {
    while(count<5){
      while(num<3){
          digitalWrite(13,1);
          delay(500);
          digitalWrite(13,0);
          delay(500);
          num++;
      }
      count++;
      Serial.println(count);
      delay(100);
      num=0;
      if(count==5)        Serial.println("finish");
    }
}
```

설명) 이중 while()문 즉 while()문 안에 while이 있는 경우이다.

전체 반복 횟수는 바깥의 while()의 회수 X 안쪽 while()의 회수로 결정된다. 이 예제의 경우는 5회 X 3회 = 15회로 반복되며, 중요한 것은 안쪽 while()의 증감되는 변수를 바깥 while() 영역 안에서 초기화 시켜야 한다는 것이다.

```
5회 반복
                    5 X 3회 =15회
While( count<5 )(   반복
    while( num<3 )(
        ~~~~~~~~;
        num++;
    )
    num = 0;
    count++;
)
```

예제 2-15) 이중 while()문을 이용하여 구구단을 출력한다.

```
int count=2, num=1;
void setup() {
  Serial.begin(9600);
  pinMode(13, OUTPUT);
}
void loop() {
  while(count<10){ // 단 (2단 ~ 9단)
      Serial.print(count);
      Serial.println("dan");
      while(num<10){ // 단 X 1~9
          Serial.print(count);        Serial.print('x');
          Serial.print(num);          Serial.print('=');
          Serial.println(count*num);
          num++;
      }
      count++;
      num=1; // 1로 초기화
    if(count==10)        Serial.println("finish");
  }
}
```

설명) 2-14 예제의 풀이 방법 중 세 번째 방법으로 프로그래밍되었으므로, 서로 비교해 보자. 마지막이 9 X 9가 되어야 하므로 72회(2단부터 9단까지) 반복 출력된다.

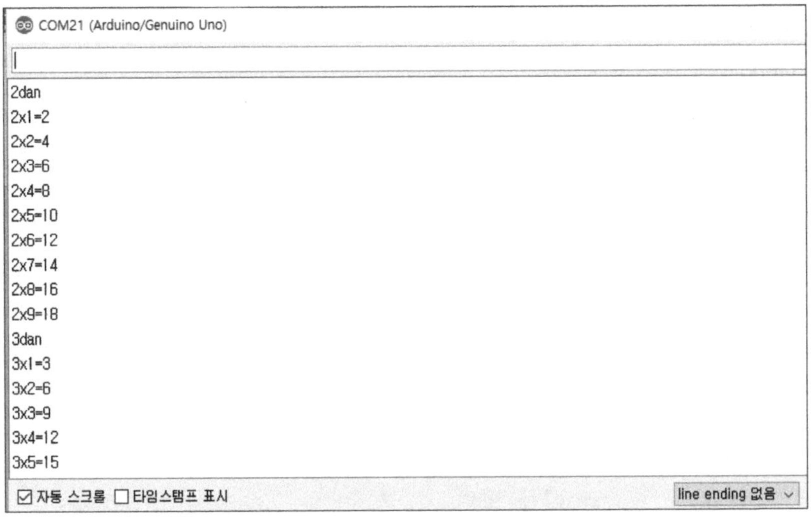

[그림 2-5] 예제 2-14 구구단 출력(이중 while)

2.4 switch와 break

여러 가지 중 하나를 선택해야 하는 경우는 if ~ / else if ~ / else를 사용하여 처리 가능하지만, switch 명령문을 이용하며 더 효과적으로 처리할 수 있다.

switch에 앞서 break 명령문을 먼저 살펴보자.

break 명령문

break 명령문은 break가 사용된 반복문 또는 루프로부터 탈출하도록 하는 명령 문이다. 흔히 while이나 for의 반복문과 함께 사용된다. 반복문의 경우는 조건식이 거짓이 되어야지만 루프를 빠져나올 수 있는데 다음과 같이 break를 사용하면 언제 든 빠져나올 수 있다.

예제 2-16) 'a' 라는 문자가 입력되면, a가 입력된 횟수를 출력하고, 그 이외에는 계속하여 "hello"를 출력한다.

```
char data;
int count;
void setup() {
  Serial.begin(9600);
}
void loop() {
    while(1){
      data = Serial.read();
      if(data =='a'){
        count++;  // 'a'를 받으면 count 증가
        break;    // whiel문 탈출
      }
      else Serial.println("hello");
    } // while(1) end
    Serial.println(count);
    delay(500);
}
```

설명) 이 예제는 while(1)을 사용하였으므로, 무한루프이다. 만약 break가 사용되지 않는다면 계속하여 "hello"를 출력해야만 한다. while() 루프를 도는 동안 Serial.read()를 통해 입력된 값이 'a'인지를 확인한다. 만약 수신된 데이터가 'a' 문자이면 count 변숫값을 증가 시키고, while문을 탈출하여 count 횟수를 출력한다.

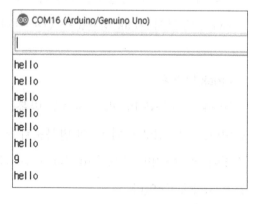

switch문은 case와 같이 사용되고, 보통 default를 가진다.

형식

```
switch (문자변수, 정수변수) {
            case 상수 : statement1;
                        break;
            case 상수 : statement2;
                        break;
            case 상수 : statement3;
                        break;
            default : statement4;
}
```

switch(변수)에서 변수와 case의 상수가 일치하는 문장을 실행하고, 만약 일치 하는 문장이 없으면 default를 실행하게 된다.

아래의 몇 가지 예제들을 통해서 switch()문과 if / else if 문을 비교해 보자.

예제 2-17) 입력된 문자가 'a'이면 "A Class", 'b'이면 "B Class", 'c'이면 "C Class"를 출력하고 다른 문자가 입력되면 "input again"을 출력한다.

```
char data;
int count;
void setup() {
  Serial.begin(9600);
}
void loop() {
  if (Serial.available()){
    data = Serial.read(); // 입력
    switch(data){ // 소문자만 해당된다.
      case 'a' : Serial.println("A Class");
                break;
```

```
        case 'b' : Serial.println( " B Class " );
                  break;
        case 'c' : Serial.println( " C Class " );
                  break;
        default : Serial.println( " input again " );
                  break;
      }
    }
}
```

설명) 시리얼 모니터창에 입력된 데이터가 'a', 'b', 'c' 중 하나이면 각 조건에 맞는 것을 출력한다. 'a', 'b', 'c' 문자가 아닌 경우는 default 이하를 실행하게 된다. 즉 대문자 'A', 'B', 'C' 문자를 입력 받는 경우에는 "input again"을 출력하게 된다. break 명령문으로 인해 해당 조건의 문장만 실행하고 switch()문을 탈출할 수 있다.

위의 switch / case를 이용한 프로그램은 아래의 if / else if / else를 이용한 프로그램으로 변경 가능하다.

```
char data;
int count;
void setup() {
  Serial.begin(9600);
}
void loop() {
  if (Serial.available()){
      data = Serial.read(); // 입력
      if(data == 'a') Serial.println("A Class");
      else if(data == 'b') Serial.println("B Class");
      else if(data == 'c') Serial.println("C Class");
      else Serial.println("input again");
```

```
    }
  }
```

그럼 모든 switch 명령문은 if / else if 구조로 변경 가능할까?

정답은 가능하다. 다만 역으로는 불가능할 수도 있다.

선택이 float형 변수 형태인 경우에는 switch를 사용할 수 없다. 그뿐만 아니라 변수가 범위로 지정해야 하는 경우에도 어려울 수 있다.

만약 1에서 100까지 속하는 변수의 경우에는 case를 100개 작성해야 되지만, if 제어문을 사용하면 다음의 한 문장으로 가능해진다.

```
if( data >= 1 && data <= 100)
```

그럼 어떤 경우에 switch를 사용하는 것일까?

switch를 사용하게 되면 가독성이 높아지며, 실행 속도와 프로그램의 size가 상대적으로 작아진다.

예제 2-18) 위의 예제에서 조금 변경하여 'a' 또는 'A' 문자를 받으면 "A Class"를, 'b' 또는 'B' 문자를 받으면 "B Class", 'c' 또는 'C' 문자를 받으면 "C Class"를 출력한다.

```
char data;
int count;
void setup() {
  Serial.begin(9600);
}
void loop() {
  if (Serial.available()){
    data = Serial.read(); // 입력
```

```
switch(data){
  case 'a' :                           // 'a'를 받으면 통과
  case 'A' : Serial.println("A Class");
            break;                     // switch 탈출
  case 'b' :                           // 'b'를 받으면 통과
  case 'B' : Serial.println("B Class");
            break;                     // switch 탈출
  case 'c' :                           // 'c'를 받으면 통과
  case 'C' : Serial.println("C Class");
            break;                     // switch 탈출
  default : Serial.println("input again");
            break;                     // switch 탈출
  }
 }
}
```

설명) 이 예제는 break의 의미를 다시 한번 생각해 볼 수 있다. 'a' 문자를 입력 받을 경우 case 'a'가 선택되지만, break 명령문이 없으므로 Serial.println("A Class"); 를 실행하고 break를 만나 탈출하게 된다.

2.5 전역변수 vs 지역변수

변수는 선언되는 위치에 따라 전역변수와 지역변수로 나누어진다. 우리는 지금 까지 전역변수(Global Variable)에 대해서만 살펴보았지만, 전역변수만큼이나 지역 변수 또한 중요하고 자주 사용된다.

지역변수(Local Variable)
지역변수란 함수 안에서, 또는 제어문이나 반복문 안에서 선언하여 사용되는 변 수이며, 다른 곳(다른 위치의 함수, 제어문, 반복문 등)에서는 사용할 수 없다. 지역

변수로 사용 시 초깃값이 0인 경우라도 0으로 초기화를 시켜야 한다. ex) int i=0;

전역변수(Global Variable)

전역변수는 함수 밖에서 선언되어 모든 함수와 제어문, 반복문 등에서 사용 가능한 변수이며, 만약 전역변수와 지역변수가 동일한 이름일 경우 지역변수가 우선순위가 높다. 초기화하지 않으면 자동으로 0의 값을 가진다.

예제 2-19) 전역변수의 이해

```
int i = 10; // 전역변수 a, 초깃값은 10
void setup() {
  Serial.begin(9600);
  Serial.println(i); // 10 출력
}
void loop() {
  Serial.println(++i); // i++ 비교 (선/후 증가)
  delay(100);
}
```

설명) 함수 밖에서 선언된 i 변수는 전역변수가 되며, setup()과 loop() 함수 모두에서 사용 가능하다. 프로그램 결과는 10, 11, 12, 13~ 으로 출력된다. 만약 i++로 변경되면, 10, 10, 11, 12~ 순으로 10이 두 번 출력된다.

COM21 (Arduino/Genuino Uno)

```
10
11
12
13
14
15
```

예제 2-20) 전역변수와 지역변수의 비교

```
int i = 10;   // 전역변수 i
void setup() {
  int i = 5;  // 지역변수 i
  Serial.begin(9600);
  Serial.println(i); // 5 출력
}
void loop() {
   Serial.println(i); // 전역변수  10 출력
   delay(100);
}
```

설명) 전역변수 a는 setup()과 loop() 모두에서 사용 가능하다. 하지만 setup() 함수에서 전역변수 a와 동일한 이름의 지역변수 a를 선언하였으므로, setup()에서는 지역변수로서의 a가 사용되고, loop() 함수에서는 전역변수 a(초깃값 10)가 사용된다.

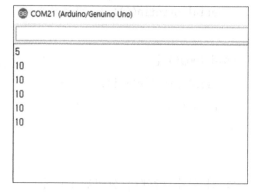

예제 2-21) 지역변수의 이해(1)

```
void setup() {
  Serial.begin(9600);
}
void loop() {
  int i = 4; // 지역변수 i, 4로 초기화
  for (i ; i<10 ; i++) {
    Serial.println(i); // 4~ 9까지 출력
```

```
  }
  Serial.println(i);   // 10 출력
  delay(500);
}
```

설명) i를 loop() 함수의 지역변수로 선언하였고, 따라서 i는 loop() 전체에서 영향력을 가지게 된다. 아래의 순서도 처럼, for문을 통해 4부터 9까지 출력 후, for문을 빠져나오며 10을 출력한다. 다시 loop의 처음으로 돌아가 i를 4로 변경하고 for문으로 진입하기를 반복한다.

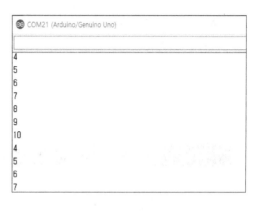

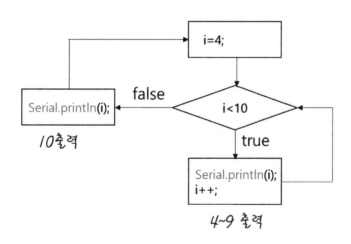

[그림 2-6] 예제 2-21의 순서도

예제 2-22) 지역변수의 이해

```
void setup() {
  Serial.begin(9600);
```

```
}
void loop() {
  for (int i=4; i<10 ; i++){   // int i는 for문 안에서만 영향력을 가진다.
    Serial.println(i);
  }
   Serial.println(i);
   delay(500);
}
```

설명) loop() 함수의 for 반복문 안에서 i가 선언된 경우이다. i가 영향을 미치는 영역은 loop() 전체가 아니라 for에 의해 영향을 받는 구간으로 제한된다. 따라서 위의 프로그램은 for의 바깥 영역에서 i가 선언되지 않았으므로 오류가 발생된다.

전역, 지역변수가 영향력을 미치는 생존 영역은 아래와 같다.

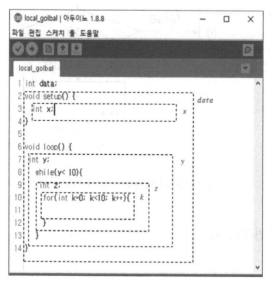

[그림 2-7] 전역/지역변수의 생존 영역

전역변수만을 사용하면 안 될까?

 언뜻 보면 이런 의문을 가지는 것도 당연하다. 전역변수가 미치는 범위가 가장 넓기 때문이다. 하지만 프로그래머는 전역변수 사용에 인색하다. 왜 그럴까? 사용하는 컴파일러마다 저마다의 최적화를 진행하는 정도가 다르다. 지역변수를 사용하면 결과에 영향을 주지 않는 부분에 대해서는 최적화 진행 과정 중 제거되지만, 전역변수는 그리 똑똑하지 못하기 때문에 그대로 남겨둔다. 이 말이 다소 어렵게 이해될 수도 있다. 그럼 다른 이유를 살펴보자. 전역변수를 사용하여 선언하고 여러 위치에서 이 변수가 사용되고 또 값이 변경될 수 있다고 하면, 한 곳에서 발생한 에러는 전체 코드에 영향을 끼치게 되어 제어 시스템이 불안해진다. 따라서 여러 기업에서는 프로그래머들에게 전역변수 사용을 자제하도록 권한다.

2.6 배열

 학생들의 성적을 입력하면 자동으로 A+부터 F까지 분류를 하고, 최고점, 최저점, 평균을 산출할 수 있는 프로그램을 작성한다고 가정하자. 만약 학생의 수가 3~4명이라면 3~4개의 변수를 지정하여 사용하면 되겠지만, 학생의 수가 50명 정도 된다고 하면 변수를 50개 지정하는 것도 비효율적인 일이 된다. 이런 경우를 위해 사용되는 것이 배열이다. 배열은 프로그래밍 시에 동일한 자료형의 변수들이 순서를 가지고 모여 있어서 이 순번을 이용하여 데이터들을 다룰 수 있다. 변수명이 있듯이 배열명이 있고, 초깃값을 가지거나 나중에 값을 부여할 수 있다. 1차원부터 다차원 배열까지 사용 가능하지만 여기서는 2차원 배열까지만 다루도록 한다.

2.6.1 1차원 배열의 선언과 초기화

형식

```
자료형  배열명[크기];
```

예를 들어 int a[50]; 의 경우 배열명이 a인 50개의 int형 저장 공간이 만들어진다.

a[0]	a[1]	a[2]	a[3]	a[4]	...	...	a[47]	a[48]	a[49]

배열의 선언은 변수의 선언과 유사하지만 유일한 차이점은 저장될 데이터의 개수를 가진다는 것이다. int a[50]은 a[0]부터 a[49]까지 총 50개의 정수형(int) 배열이 만들어진다. 위와 같이 a[49]가 마지막 순번(index)이 되는데, 이는 a[0]부터 시작하기 때문이다.

선언된 배열을 초기화하기 위해서는, a[0]=10; a[1]=9; a[2]=9; a[49]=10과 같이 각각의 배열에 값을 채워 넣어도 되지만, 중괄호를 이용하여 한꺼번에 초기화하는 것도 가능하다.

```
int a[0]=10;
int a[1]=9;
int a[2]=9;                          int a[50]={10,9,9,~,10};
    ~
int a[49]=10;
```

a[50]={10,9,9,..., 10};에서 데이터 개수가 50개를 초과하는 경우 에러가 발생하게 되며 반대로 50개 이하면 선언되지 않는 저장 공간에는 0으로 채워진다. 즉
int a[50] = {10,10,10};의 경우 a[0]=10, a[1]=10, a[2]=10으로 초기화되고, a[3]~a[49]까지는 0으로 초기화된다.

[ ] 안에 숫자를 꼭 넣어야만 하는 것일까?
그렇지 않다.
int array[] = {10,20,30,40,50};
의 경우는 컴파일 과정에서 자동으로 배열의 길이(5)가 부여된다. 하지만 만약

아래와 같은 경우는 어떻게 될까?

int array[ ];

이 경우는 배열의 길이도, 초깃값도 모두 생략된 경우로 저장 크기(storage size of 'array' isn't known) 에러가 발생하니, 배열의 길이 또는 초깃값들 둘 중에 하나는 지정해야 된다.

예제 2-23) 주어진 5개의 값의 합과 평균을 구하자.

```
void setup() {
    int a[]={10,20,30,40,50};
    int sum=0;
    Serial.begin(9600);
    for(int i=0; i<5; i++){
        sum+=a[i]; // sum = sum + a[i];
    }
    Serial.print("sum : ");
    Serial.print(sum);
    Serial.print(",  ");
    Serial.print("average :");
    Serial.print(sum/5);
}
void loop() {
}
```

설명) 배열은 for의 반복문과 같이 사용하면 보다 효과적이다. a[0]부터 a[4]까지 5개의 초깃값들을 누적하여 전체의 합을 구하고, 5를 나누어 평균을 구한다.

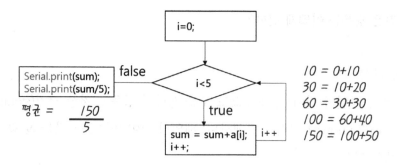

[그림 2-8] 5개 데이터의 합과 평균 구하기

예제 2-24) 시리얼 모니터를 통해 사용자로부터 5개의 숫자를 입력받고 그 숫자
들의 평균을 구하자.

```
// 방법 1
int i; // loop()에서 선언하면 결코 종료될 수 없다.
int data[5]; // 배열의 초깃값들은 0으로 채워진다
void setup() {
    Serial.begin(9600);
    Serial.print("first your input data:"); // 입력 Guide 출력
}
void loop() {
    int sum=0;
    if(Serial.available()>0){
        data[i] = Serial.read(); // data[0]~data[4]까지 입력받은 숫자 대입
        Serial.println(data[i]-48); // 입력받은 숫자 출력( ex, 1 → 49)
        i++;
        if(i<5)      Serial.print("next input your data:"); // 입력 Guide
        if (i==5){
            Serial.print("average=");
            for(int i=0; i<5 ;i++){
                sum += (data[i]-48) ; // 합계 구하기
            }
            Serial.println(sum/5.0); // 평균 구하기
```

```
        }
    }
}
```

설명) 5회 동안 한 자리 숫자를 각각
입력하면 평균이 출력된다. Serial.
available()은 입력받은 데이타의
byte 수를 반환한다. 즉 한 자릿수를
입력받으면 1이 반환되어 참이 되고,
두 자리 수를 입력받으면 2가 반환되
어 참이 된다. 입력받은 문자를 숫자
로 변경하기 위해서 −48의 연산이 필

```
┌─────────────────────────────────────┐
│ ◎◎ COM21 (Arduino/Genuino Uno)       │
├─────────────────────────────────────┤
│ |                                    │
├─────────────────────────────────────┤
│ first your input data:5              │
│ next input your data:3               │
│ next input your data:5               │
│ next input your data:4               │
│ next input your data:9               │
│ average=5.20                         │
└─────────────────────────────────────┘
```

요하다. 마지막 줄에 sum/5.0은 소수점 이하까지 계산하기 위함이다. sum/5로
변경하면 소수점은 버림 처리하게 된다.

```
// 방법 2
void setup() {
    Serial.begin(9600);
    Serial.print("first input your data:"); // 입력 guide
}
void loop() {
    int sum,i;
    int data[5];
    while (i <5)   {
      while(Serial.available()==0){ // 데이터가 수신될 때까지 무한 대기
      }
      data[i] = Serial.read();
      Serial.println(data[i]-48);
      sum += (data[i]-48)     ;
      i++;
```

```
    if(i==5){ // 탈출하기 전 평균값 출력
      Serial.println("average=");
      Serial.println(sum/5.0);
    }
    else        Serial.print("next your data:"); // 입력 guide
  }
}
```

설명) 두 번째 방법은 이중 while로 접근하였다. while(Serial.available()==0)의 의미는 데이터가 수신될 때까지 무한히 대기하겠다는 의미로, 수신된 데이터가 없는 경우는 Serial.availalbe() == 0의 조건이 참이 된다는 것을 이해하면 된다. 바깥 while은 i가 1씩 증가되어 5가 되어서야 탈출할 수 있다.

예제 2-25) 아날로그 A0 핀에 센서를 연결하여 5회 평균을 구하여 평균을 출력해 보자.

```
void setup() {
    Serial.begin(9600);
}
void loop() {
    int a[5];
    int sum=0;
    for(int i=0; i<5; i++){
      a[i]=analogRead(A0); // 5개의 센서값을 10ms 단위로 계측하여
      sum += a[i];          // sum = sum + a[i];
      delay(10);            // a[0]~a[4]까지 배열에 저장
    }
    Serial.print( " average  : " );
    Serial.println(sum/5);
}
```

설명) analogRead(A0)를 통해 A0에 연결된 센서값 측정이 가능하다. 대부분의 센서가 노이즈에 취약하므로, 센서값을 바로 적용하는 것은 바람직하지 않다. 사실 실무를 하는 사람이라면 센서값 이용 시 필터를 사용해야 함을 알고 있을 것이다. 로우패스 필터의 일종인 평균을 이용하는 것만으로도 노이즈에는 강인해진다. 시간 지연(time delay)이 발생하지만, 이동평균이라든가 다른 방법을 이용하여 시간 지연을 극복하는 방법들을 터득해야 한다. 참고로, 위의 경우에는 배열을 사용하지 않아도 무방하다. 다만 이동평균을 위한 준비 단계로 이해하자.

예제 2-26) 이동평균을 이용하여 1.5V AA(A) 배터리의 전압을 측정하고 시리얼 모니터에 출력해 보자.

```
int bat[5];
void setup() {
    Serial.begin(9600);
}
void loop() {
  float bat_voltage=0, bat_mv=0;
  bat[0] = analogRead(A0);
  for(int i=4; i>0 ; i--){
    bat[i] = bat[i-1]; // 아래 그림 참조
  }
  for(int i=4; i>0;i--){
    bat_mv+=bat[i]; // bat_mv= (bat[4] + bat[3] + bat[2] +bat[1])
  }
  bat_mv =  bat_mv/4.0; // 이동평균 구하기
  bat_voltage = bat_mv/1023.0 *5.0; // 전압으로 변경
  Serial.print(bat_mv);
  Serial.print( ' , ' );
  Serial.println(bat_voltage);
  delay(300);
}
```

설명) 이동평균은 단순 평균보다는 시간 지연이 작기 때문에 응답 속도가 빠르면서도 외부의 노이즈 등을 효과적으로 제거할 수 있는 기법이다.

두 개의 for문 중 첫 번째 for문을 유심히 보자. 왼쪽의 그림처럼 새로운 bat[0]는 bat[1]에 저장되고, 이전 bat[1]은 bata[2]에, bat[2]는 bat[3]에, 그리고 bat[3]은 bat[4]에 저장된다. bat[4]는 평균을 구하기 위해 사용되는 데이터 중 가장 오래된 데이터 이며 사라지기 직전의 data이다.

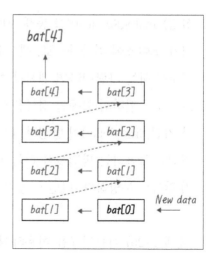

위의 예제에서는 네 개의 데이터로 이동평균(Moving Average)을 구했지만, 노이즈가 심한 경우에는 열 개 또는 그 이상의 데이터로 필터링해도 상관없다. 다만, 많은 데이터로 이동평균을 구하여 제어에 이용하면, 간혹 무뎌진 제어 인자로 인해 제어 속도가 늦어지거나, 제어가 필요한 곳을 지나치는 경우도 발생한다.

아래 그림의 왼쪽 열은 배터리 전압을 ADC를 통해 획득한 값이고, 오른쪽은 전압으로 환산한 값이다. 비례식을 떠올리면 쉽게 이해될 것이다.

bat_vlotage : 5v = bat_mv : 1023

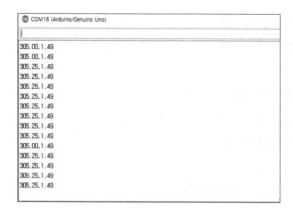

[그림 2-9] 예제 2-26의 실행 결과

초음파 센서, 가속도, 온도 센서 등에서는 평균 또는 이동평균 등의 LPF(Low Pass Filter) 기법을 적용하는 것이 일반적이며, 6장에서 좀 더 자세하게 다루도록 한다.

아두이노의 입력은 최대 5V 까지 가능하므로, 측정하고자 하는 전압이 5V 이상이면 직접 아날로그 핀으로 입력하면 아두이노에 심각한 손상이 발생된다. 이때는 전압 분배 법칙을 이용해야 한다.

$$V_{out} = \frac{R_2}{R_1 + R_2} \ V_{in}$$

9V 배터리를 연결한 경우를 가정해 보자. 동일한 크기의 저항을 2개 선택하여 아래와 같이 연결하고, 아두이노의 GND와 외부 배터리의 GND를 서로 연결해야 한다. 물론 10V 이상일 경우는 저항 크기의 비율에 주의를 기울여야 한다.

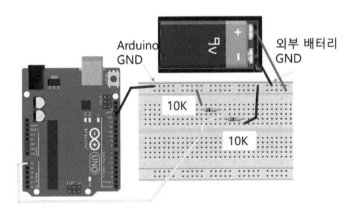

[그림 2-10] 외부 배터리의 전원 모니터링

```
bat_mv = bat_mv/4.0; // 이동평균 구하기
bat_voltage = (bat_mv/1023.0 *5.0) *2; // 전압으로 변경
Serial.print(bat_voltage);
Serial.println('V');
```

이전의 2-26 예제와 비교하면 bat_voltage 변수가 두 배로 증가되었는데, 이는 전압 분배를 통해 1/2로 감소시켰으므로 프로그램에서는 두 배 증가로 보상해 주어야 되기 때문이다.

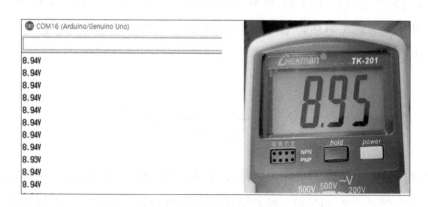

[그림 2-11] 아두이노 측정 전압과 실제 전압 비교

2.6.2 2차원 배열

이제 다차원 배열 중 2차원 배열에 대해 살펴보자.

10층 건물이 하나 있는데, 이 건물의 각 층에 5개의 방이 있으며 아두이노를 통해 각 층의 각 방을 제어해야 한다고 가정하자. 배열을 사용하지 않는다면 50개의 변수가 필요하다.

```
int Room_101, Room_102. Room_103, Room_104, Room_105;
int Room_201, Room_202. Room_203, Room_204, Room_205;
    . . . . . . . . . .
int Room_1001, Room_1002. Room_1003, Room_1004, Room_1005;
```

또는 1차원 배열을 사용한다면 조금 더 편하긴 하다.

int Room1[5];

int Room2[5];

. . . . . .

int Room10[5];

하지만 2차원 배열을 사용하면 다음과 같이 한 줄로 표현 가능해진다.

int Room[10][5];

이때 배열의 구조는 아래와 같다.

Room[0][0]	Room[0][1]	Room[0][2]	Room[0][3]	Room[0][4]
Room[1][0]	Room[1][1]	Room[1][2]	Room[1][3]	Room[1][4]
...	...	...	...	...
Room[8][0]	Room[8][1]	Room[8][2]	Room[8][3]	Room[8][4]
Room[9][0]	Room[9][1]	Room[9][2]	Room[9][3]	Room[9][4]

[표 2-6] 2차원 배열의 구조

즉 int Room[10][5];의 경우 50개의 int형 변수를 한 번에 만들 수 있다.

[10]은 열을 의미하고, 위의 예에서 층에 해당하며, [5]는 행을 의미하며, 예제에서는 방에 해당된다. 즉 1차원 배열과는 다르게 2차원 배열은 2개의 인덱스를 사용하게 된다.

2차원 배열의 초기화

2차원 배열은 1차원 배열과 마찬가지로 열이 증가하는 순으로 초기화를 하면 된다.
즉
int Room[10][5] = {5,4,3,3,2,4,5,2,1,3,,.............,2,1,4,4,5}; // 순차적으로 작성

이것은 다음과 같은 의미를 갖게 된다.

Room[0][0] = 5; Room[0][1] = 4; Room[0][2] = 3; Room[0][3]=3 .....

하지만 이렇게 초기화하는 것보다는 두 개의 중괄호를 이용한 행열의 방식으로 표기하는 것이 일반적이다. 이때 한 행씩 내부 중괄호로 감싸줘야 한다.

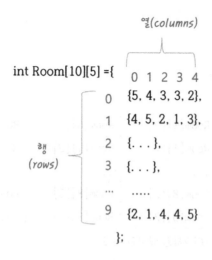

[그림 2-12] 2차원 배열의 행과 열

1차원 배열과 마찬가지로 각 요소가 지정되지 않으면, 나머지는 0으로 채워진다.

예제 2-27) 아래의 그림과 같이 LED를 연결하고, {2,3,4}, {5,6,7}, {8,9,10}을 각 행으로 하여 LED가 순차적으로 On / Off 되도록 하자.

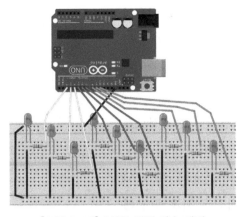

[그림 2-13] 2차원 배열 실습 예제

```
int led[3][3] = {{2, 3, 4}, {5, 6, 7}, {8, 9,10 }};
void setup() {
   for(int i = 0; i < 3; i++){
     for(int k = 0; k < 3; k++){
       pinMode(led[i][k], OUTPUT); // 2~10번 핀까지 OUTPUT 설정
     }
   }
}
void loop() {
   for(int i = 0; i < 3; i++){
     for(int k = 0; k < 3; k++){
       digitalWrite(led[i][k], 1); //[0][0],[0][1],[0][2],~
                                   [2][0],[2][1],[2][2] 순으로
       delay(100);
       digitalWrite(led[i][k], 0);
       delay(100);
     }
   }
}
```

설명) 2차원 배열은 2중 for문을 이용하여 접근하면 간편하다. 바깥의 i가 1 증가될 때 내부의 K는 0에서 2까지 3이 증가된다.

각 LED는 오른쪽 그림처럼 순차적으로 100ms 간격으로 On/Off 되며 Shift 된다. 3차원 LED 큐브의 경우는 int led[5][5][5]와 같이 3차원 배열로 사용해야 하

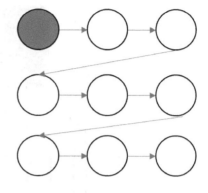

고, 첫 번째 두 번째 배열은 각각의 열과 행이며, 마지막 배열은 층이 된다.

2.7 함수

함수는 영어로 function이라고 하는데, 어떠한 특정 작업을 수행하기 위해 모듈화(modulation)된 프로그램의 한 단위를 의미한다. 모듈화되어 있으므로, 한번 만들어 놓은 함수는 필요할 때마다 함수를 호출함으로써 사용할 수 있으며, 다른 프로그램에 이식이나 재사용하기도 쉽고, 같은 프로그램 안에서도 다른 부분에 영향을 주지 않는 독립된 부분이므로 수정이 용이하다.

우리는 이미 함수를 사용해 왔다. pinMode(), digitalWrite(), digitalRead()와 같은 아두이노 스케치에 내장된 함수를 사용해 왔지만, 2.7절에서는 새로운 사용자 함수를 만들어 보도록 한다.

2.7.1 함수의 정의와 종류

함수의 정의와 호출

함수를 만들기 위해서는 함수를 정의해야 하며, 함수를 사용하기 위해서는 함수를 호출해야 한다. 함수 정의는 setup() 함수와 loop() 함수 밖에서 독립된 공간으로 정의해야 한다.

```
함수 정의

반환 데이터 형   함수 이름   매개변수
        int  led_on   (int a, int b) {

              // 함수 문장
      반환 값    return a*b;
              }


함수 호출

       함수 이름    전달 인자
         led(num1, num2);
```

[그림 2-14] 함수 정의와 호출

반환 데이터의 자료형과 반환값

우리가 이미 알고 있는 데이터형(int, float, char, boolean, …)이 모두 가능하며, 반환할(return) 데이터의 자료형에 따라 결정된다. 반환값이 없으면 void를 사용해야 한다. 위의 그림에서는 정수형 변수 a와 정수형 변수 b의 곱인 정수 형태의 값을 반환하므로, 반환 데이터 자료형은 int가 된다. 만약 return a*b가 아닌 return a*3.14의 경우는 반환 데이터 자료형이 float이 되어야 한다. 그리고 return을 만나면 그 이후의 문장을 실행하지 않고 함수를 종료 후 탈출하게 된다. 반환 데이터형이 void인 경우 return을 생략해야 한다.

함수 이름

변수의 이름을 정하는 규칙과 동일하며, 주의할 점은 아두이노 스케치에 내장된 함수 이름을 사용할 수는 없다.

매개변수

위의 그림에서는 매개변수가 2개이다. 함수를 호출할 때 전달 인자의 개수와 매개변수의 개수는 동일하며, 함수 호출 시의 전달인자를 정의된 함수 내에서만 사용하기 위해, 즉 지역변수의 형태로 데이터형과 변수명을 가지고 있어야 한다. 만약 전달 인자와 매개변수의 개수가 틀리면 컴파일 에러가 발생된다. 전달 인자가 없으면 매개변수 자리에 (void) 또는 빈괄호 ()를 사용하면 된다.

함수 호출

정의된 함수의 이름과 동일한 이름으로 사용해야 하며, 정의된 함수에 전달하기 위해 전달 인자를 사용할 수 있는데, 전달 인자는 상수, 변수, 또는 수식(예. 3*4/2)이 가능하다.

함수 호출 때 전달된 인자는 정의된 함수의 매개변수에 전달되고 함수를 실행한 후의 결괏값은 return되어 호출된 그 자리에 반환되고 다음 문장을 수행한다.

따라서 사실 앞의 그림에서 함수 호출은 다음과 같이 변경되어야 한다.

int num = led(num1, num2);

위와 같이 변경되면, num이라는 정수형 변수에는 함수 정의에서 return된 결괏값이 저장된다.

함수의 종류

함수는 매개변수의 유·무와 반환되는 값의 유·무에 따라 함수의 종류가 결정된다. 즉

1. 인자(매개변수) 있고, 반환값 없는 경우
2. 인자(매개변수) 없고, 반환값 없는 경우
3. 인자(매개변수) 있고, 반환값 있는 경우
4. 인자(매개변수) 없고, 반환값 있는 경우

와 같이 네 종류가 있다. 각각의 경우에 대해 예를 통해 알아보자.

1. 인자 있고, 반환값 없는 경우

인자는 있고, 반환할 값이 없는 경우의 함수 형태는 함수를 정의할 때 void를 사용해야 함을 먼저 떠올리자.

예제 2-28) 월, 일, 요일에 대한 정보를 함수에 전달하고, 이를 출력하는 함수를 만들어 보자.

```
void setup() {
  Serial.begin(9600);
}
void loop() {
  print_f(9, 16, "Wen");  // print_f 함수 호출
  delay(1000);  // 1초마다 출력
}
// print_f함수의 정의
void print_f(int month, int date, String day) { // 5, 6, Wen을 위한
                                          매개변수

  Serial.print("Todayis ");
  Serial.print(month);
  Serial.print(" / ");
  Serial.print(date);
  Serial.print(' , ');
  Serial.println(day);
}
```

설명) 사용자 정의 함수의 이름은 print_f 함수이다. 매개변수는 int형 2개와 String형 1개가 있으며, 각각의 지역변수 명은 month, date, day가 된다. loop() 함수에서 1초마다 print_f 함수를 호출하며, 9, 16, Wen이라는 정보를 전달하고(전달인자), 이 정보들은 month, date, day에 각각 대입되어 저장된다. 반환값이 없으므로, 함수의 정의에서 void가 사용되었다.

예제 2-29) 아두이노 9번, 10번, 11번 핀에 3색 LED R,G,B를 각각 연결하고, 0에서 3초 이내의 랜덤한 시간 동안, Red, Green, Blue를 반복하여 On 하도록 한다.

```
void setup() {
    Serial.begin(9600);
}
void loop() {
    led(255,0,0,random(3001));   // led 함수 호출, 0~3초 사이의 딜레이 값 전달
    led(0,255,0,random(3001));
    led(0,0,255,random(3001));
}
void led(int r_d, int g_d, int b_d, int delay_t){ // 함수 정의 스타일
    analogWrite(9,r_d);
    analogWrite(10,g_d);
    analogWrite(11,b_d);
    delay(delay_t);
}
```

설명) led()함수의 인자는 4개이며, Red, Green, Blue를 순차적으로 On 하기 위하여 해당 핀만 최댓값인 255로 만들고, 나머지는 0으로 하여 Off 한다. delay(random(3001))은 0~3000ms 사이의 임의의 시간 동안 현 상태를 유지할 수 있다. 만약 led 함수를 led(9,255,10,0,11,0,random(3001));와 같이 변경한다면, 함수의 정의 부분도 void led(int r, int r_d, int g, int g_d, int b, int b_d, int delay_t)로 변경되어야 한다.

2. 인자 없고, 반환값 없는 경우

인자와 반환할 값이 모두 없는 경우는 함수의 4가지 종류 중 가장 이해하기 쉽다.

예제 2-30) 1초 주기로 "Hello Arduino"를 출력하는 함수를 만들자.

```
String message = "Hello Arduino";
void setup() {
  Serial.begin(9600);
}
void loop() {
  print_f();  // print_f() 함수 호출
  delay(1000);
}
void print_f() { // print_f() 함수 정의
  Serial.println(message);
}
```

설명) String형의 message에는 Hello Arduino라는 문장이 저장되어 있다. loop()
함수에서 1초마다 print_f() 함수를 호출하게 되고, print_f() 함수의 유일한 기능
인 message를 출력한다. 함수 호출 시 전달할 인자도 없고, 함수 실행 결과를 반
환할 반환값도 없다.

예제 2-31) 3색 LED를 이용하여 1초 주기로 반복하여 white 색을 On/Off 하자.

```
void setup() {
  Serial.begin(9600);
}
void loop() {
  led_on();  // 함수 호출
  led_off();  // 함수 호출
}
void led_on(){ // 함수 정의
  analogWrite(9,255); // white On
  analogWrite(10,255);
  analogWrite(11,255);
```

```
    delay(1000);
}
void led_off(){
  analogWrite(9,0);  // led off
  analogWrite(10,0);
  analogWrite(11,0);
  delay(1000);
}
```

설명) led_on()과 led_off() 두 함수를 정의하고 호출한 예제이다. led_on() 함수
는 삼색 LED의 white 색상을 내기 위한 기능이 프로그래밍 되어 있고, led_off()
함수에서는 3색 LED를 off 하는 기능이 프로그래밍 되어 있다.

3. 인자 있고, 반환값 있는 경우

앞서 살펴본 함수들은 반환값을 가지지 않는 형태였지만, 이제부터는 return을
이용하여 값을 반환하는 함수들에 대해 살펴보자. 함수 정의에서 void는 더 이상 사
용되지 않고, return할 값의 형태에 따라, 즉 반환할 데이터 타입에 따라 결정된다.

함수의 종류 중 가장 복잡하고 가장 많이 사용되는 형태이므로 다양한 예제를 학
습하여 이해하도록 하자.

예제 2-32) 사용자로 부터 원의 반지름을 입력받고, 원의 둘레를 출력하는 프로
그램을 만들어 보자.

```
void setup() {
  Serial.begin(9600);
  Serial.println("input your data:");
}
void loop() {
  int data=0;
  if(Serial.available()){
```

```
      data = Serial.read();
      float radius = circle(data-48); // 아스키코드로 '0'은 48에 해당
      Serial.print("The circumference is ");
      Serial.println(radius);
      Serial.println("input your new data:");
   }
}
float circle(int r){  // return할 value가 float 형태
   float value;
   value = 2*r*PI;     // 원의 둘레 = 2*PI*반지름
   return value;
}
```

설명) circle() 함수의 정의부터 살펴보면, circle() 함수는 매개변수가 한 개이고, 반환할 값의 자료형은 실수인 float 형태이다. loop() 함수에서 circle(data-48)을 한 이유는 시리얼 모니터창에서 입력

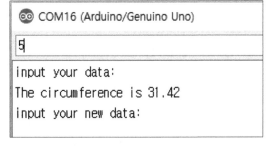

받은 값(data)은 문자이므로, '0'을 입력받더라도 문자 '0'이므로 정수형으로 변경하기 위해서는 입력받은 값에 48을 빼주어야 한다. 정수형으로 변경된 인자는 circle() 함수로 전달되고, circle() 함수에서는 이 값을 정수형 변수 'r'에 저장한다. 원의 둘레를 구하는 공식인 지름 * PI(참고로, 아두이노에서는 PI=3.1415925 35897932384626433832795로 아두이노 헤더파일에서 선언되어 있다.)를 통해 계산한 값은 지역변수 value에 저장되고, 이 값을 return 한다. return된 값은 loop() 함수에서 radius 변수에 저장되고, 이 값을 출력하게 된다. 만약 함수 형태로 사용하되, 반환값을 없애서 프로그램을 좀 더 간단하게 만들고 싶다면 어떻게 하면 좋을까? 아래의 프로그램을 살펴보자.

```
float value;
void setup() {
  Serial.begin(9600);
  Serial.println("input your data:");
}
void loop() {
  int data=0;
  if(Serial.available()){
    data = Serial.read();
    circle(data-48); // 아스키코드로 '0'은 48에 해당
    Serial.println(value);
    Serial.println("input your new data:");
  }
}
void circle(int r){  // return할 값이 없음, value는 전역변수
  value = 2*r*PI; // 원의 둘레 = 2*PI*반지름
}
```

확실히 코드의 길이는 줄어들었다. 하지만 이 함수는 모듈 형태의 완전한 독립
성을 가지고 있다고 말할 수는 없다. circle() 함수를 다른 프로그램에 이식할 경우
value를 전역변수로 따로 선언해 줘야 한다. 전역변수는 가능하면 사용하지 않는
것이 좋으므로, 2-32 예제에서 살펴본 프로그램 형태로 프로그램을 작성하도록 하
자.

예제 2-33) 입력받은 두 수 중 큰 수를 출력하는 프로그램을 만들어 보자.

```
void setup() {
  Serial.begin(9600);
  Serial.println("input your number:");
}
```

```
void loop() {
    while(Serial.available()==0){ // 데이터가 수신될 때까지 무한 대기
    }
    int num1 = Serial.read(); // 첫 번째 수 입력
    Serial.println(num1-48);
    Serial.println("input your number:");


    while(Serial.available()==0){ // 데이터가 수신될 때까지 무한 대기
    }
    int num2 = Serial.read(); // 두 번째 수 입력
    Serial.println(num2-48);
    Serial.print("The max number is ");
    Serial.println(max_find(num1, num2));
}

int max_find(int n1, int n2){
    if(n1 >n2) return n1-48; // n1이 크면 n1을 반환
    else return n2-48;  // n2가 크면 n2 반환
}
```

설명) 이 예제를 풀기 위해서 가장 어려운 부분은, 두 개의 수를 각각 입력받기 위한 방법일 것이다. 물론 몇 가지 방법이 있겠지만, 가장 일반적인 방법은 한 숫자가 입력될 때까지 무한히 기다리고, 다음 숫자가 입력될 때까지 또 무한히 기다리는 것이다. while(Serial.available()==0)이 이를 가능하게 하는 부분이다. 입력된 데이터가 없으면 while 반복문의 조건식이 참이 되어 빈 루프 속에 있게 된다. 데이터가 입력되면 while의 조건식이 거짓이 되어 탈출하게 되고 입력된 값은 num1 변수에 저장된다. 다시 입력될 때까지 기다린 후 문자가 입력되면 while을 탈출하여 num2 변수에 저장된다. max_find() 함수에서는 이 두 문자를 전달받아 n1, n2에 각각 저장하고, 큰 값을 return 한다. max_find() 함수의 정의 부분을 아래와 같이 변경할 수도 있다.

```
int max_find(int n1, int n2){
    int max_n =0;
    if(n1 >=n2) max_n = n1;
    else max_n = n2;
    return max_n-48;
}
```

예제 2-34) 3색 LED를 이용하여, 3초 이내의 랜덤한 시간 동안 white 색으로 on 하고, 또 3초 이내의 랜덤한 시간 동안 led를 off 하기를 반복 실행한다.

```
void setup() {
    Serial.begin(9600);
}
void loop() {
    int delay_t = led(9,255,10,255,11,255); // 함수 호출 (함수 이름 :led)
    delay(delay_t);
    delay_t= led(9,0,10,0,11,0);
    delay(delay_t) ;
}
int led(int r, int r_d, int g, int g_d, int b, int b_d){ // 함수 정의
    analogWrite(r,r_d);
    analogWrite(g,g_d);
    analogWrite(b,b_d);
    return random(0,3001);
}
```

설명) led() 함수에 핀번호와 밝기 정보에 대한 6개의 인자를 전달하여 led의 색상을 제어한다. 또한, return 할 값은 random(0, 3001)으로 3초 이하의 값이 int형으로 반환되어 LED의 on/off 시간을 랜덤하게 조정하게 된다.

4. 인자 없고, 반환값 있는 경우

함수 종류 중 우리가 마지막으로 살펴볼 것은 전달인자 또는 매개변수는 없고,
반환할 값만이 존재하는 경우이다.

예제 2-35) 예제 2-34를 인자가 없고, 반환값은 있는 경우로 다시 프로그래밍한다.

```
void setup() {
}
void loop() {
    int delay_t = led_on(); // 함수 호출 (함수 이름 :led)
    delay(delay_t); // on 시간 제어
    delay_t= led_off();
    delay(delay_t) ; // off 시간 제어
}
int led_on() { // white led on
  analogWrite(9,255);
  analogWrite(10,255);
  analogWrite(11,255);
  return random(0,3001);
}
int led_off() { // led off
  analogWrite(9,0);
  analogWrite(10,0);
  analogWrite(11,0);
  return random(0,3001);
}
```

설명) 이전의 예제와 비교해 보면 전달 인자를 사용하지 않아 코드의 길이가 길어
졌음을 알 수 있다. 전달 인자가 없으므로, led_on(), led_off() 2개의 함수를 정의
하고, 3초 이내의 랜덤한 시간을 각각 반환한다.

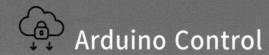

Arduino Control

CHAPTER **3**

시리얼 통신

통신의 종류로는 전송 속도는 느리지만, 구현하기 편한 직렬연결(Serial)통신과 전송 속도는 빠르지만 임베디드 시스템에서는 잘 사용되지 않는 병렬연결(Parallel) 통신으로 분류될 수 있고, 직렬연결 통신에는 다시 동기식 통신과 비동기식 통신으로 분류될 수 있다. 아두이노에서 지원하는 동기식 통신은 SPI, I2C가 있으며, 비동기식 통신으로는 UART 통신이 있다.

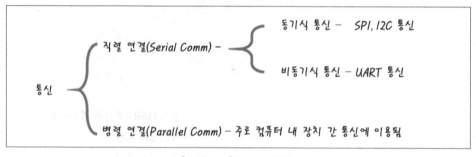

[그림 3-1] 통신의 종류

3.1 UART 통신과 블루투스 통신

아두이노는 UART(Universal Asynchronous Receiver Transmitter) 통신이 가능하도록 하드웨어적으로 구현되어 있으며, TTL(Transistor Transistor Level) 신호를 이용한다. 즉 아두이노의 동작 전압인 5V 전압을 기준으로 5V는 1, 0V는 0이 된다. 물론 전압 마진은 일부 가지게 된다.

UART 통신을 위해서는 다음의 두 가지를 해결해야 한다.

첫 번째는 연결이다. UART 통신을 위해서는 기본적으로 RX, TX, GND의 3선이 통신하고자 하는 시스템에 서로 연결되어야 하는데, RX는 통신하고자 하는 상대의 TX와 TX는 상대와의 RX와 연결되어야 한다.

두 번째는 동일한 통신 속도이다. UART에서의 통신 속도는 보드 레이트(Baud rate)로 표현하며, bps(bit per second)로 나타낸다. bps는 초당 비트 수로 1초에 얼마만큼의 비트를 보낼 수 있는가를 의미한다.

우선 우리는 1장에서 시리얼 통신의 기본적인 함수들인 Serial.begin(), Serial.print(ln)(), Serial.write() 대해 이미 살펴보았다. 이번 절에서는 아직 다루지 못한 설명과 함께 HC-06을 이용한 블루투스 통신에 대해 알아보자.

3.1.1 Serial 클래스

1장에서 살펴본 시리얼 통신에서 가장 먼저 나온 것은 Serial.print() 함수이다.

Serial.print() 함수에도 숨겨진 기능이 있다. 바로 option을 추가하여 2진수, 8진수, 16진수로 표현할 수 있고, 원하는 소수점 자리만큼만 출력 가능하다.

Serial.print('문자', "문자열", 변수, OPTION);
기능: '문자', '문자열', 변수가 가진 값을 화면상에 출력
OPTION: BIN(2진수), OCT(8진수), DEC(10진수), HEX(16진수), 숫자(소수점 이하 자릿수 표현)

```
void setup() {
  Serial.begin(9600);
  Serial.println(100, BIN);
  Serial.println(100, OCT);
  Serial.println(100, DEC);
  Serial.println(100, HEX);
  Serial.println(1.1234567, 3);
}
```

```
void loop() {
}
```

정수 100을 2진수(BIN), 8진수(OCT), 10 진수(DEC), 16진수(HEX)로 표현되고, 실 수 1.1234567를 소수점 이하 3자리만 표 시되도록 프로그래밍 되어 있다.

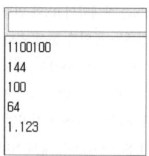

Serial.parseInt()

기능: 수신된 문자열을 10진수 형태로 변환하며, 숫자가 아닌 데이터가 오면 종료

Serial.parseInt() 함수는 Serial.read() 함수처럼 시리얼 통신으로 데이터를 수신하는 함수이지만, 수신된 데이터에서 연속된 숫자 부분만을 분리하여 long 타입의 숫자형으로 돌려준다. 따라서 Serial.parseInt() 함수를 이용하면 두 자리 이상의 숫자도 입력받을 수 있게 된다.

```
void setup() {
   Serial.begin(9600);
}

void loop() {
  if(Serial.available()) {
     int data = Serial.parseInt();
     Serial.println(data);
     Serial.println(data*10);
  }
}
```

시리얼 모니터창에 아래와 같이 입력해 보자.

1. 34
2. a123
3. a123b
4. a123b456

```
34
340
123
1230
123
1230
0
0
123
1230
456
4560
```

결과는 오른쪽 그림과 같다. 2자리 이상의 수도 정수 형태로 잘 분리해 주지만, 약 1초 정도의 지연이 발생하는 문제는 있다.

문자가 숫자 앞에 있는 경우는 문자를 분리하여 숫자만 출력시키고, 문자가 숫자 뒤에 있는 경우는 숫자는 즉시 출력하고 역시 1초 후에 문자에 해당되는 0이 출력됨을 확인할 수 있다. 5번 a123b456으로 입력되면, 123과 456 모두 출력되는데 시간 차이는 약 1초가 발생한다.

1초의 지연은 시스템에 따라서 치명적일 수 있는데, Serial.setTimeout() 함수를 이용하여 지연 시간을 변경할 수 있다.

Serial.setTimeout(time)

기능: 지정한 time(ms)만큼 시리얼 데이터를 기다리는 기능, default는 1초

이제부터 두 자리(십) 이상의 숫자를 입력받기 위한 다양한 방법들을 살펴보자.

예제 3-1) 2-33 예제를 참조하여, 입력받은 두 개의 두 자리 이상의 숫자 중 큰 수를 출력해 보자.

```
void setup() {
  Serial.begin(9600);
  Serial.println("input your number:");
```

```
    Serial.setTimeout(50); // 50ms 만큼 기다림, default 1000ms
}
void loop() {
    while(Serial.available()==0){ // 데이터가 수신될 때까지 무한 대기
    }
    int num1 = Serial.parseInt(); // 첫 번째 수 입력
    Serial.println(num1);
    Serial.println("input your number:");

    while(Serial.available()==0){ // 데이터가 수신될 때까지 무한 대기
    }
    int num2 = Serial.parseInt(); // 두 번째 수 입력
    Serial.println(num2);
    Serial.print("The max number is");
    Serial.println(max_find(num1, num2));
}

int max_find(int n1, int n2){
  if(n1 >n2) return n1; // n1이 크면 n1을 반환
  else return n2;  // n2가 크면 n2 반환
}
```

설명) setup() 함수에서 setTimeout(50)으로 설정하여 수신 대기 시간을 50ms으로 설정하여 default 1초에 비해 1/20 수준으로 빠르게 처리된다. 이전 2-33 예제에서는 1자리의 문자로 수신되므로 48을 빼주는 절차가 필요했지만, Serial.praseInt()는 바로 숫자 형태로 반환하므로 이런 절차가

```
|

input your number:
123
input your number:
35
The max number is 123
```

필요 없다.

이 예제를 실행할 때 시리얼 모니터창의 입력 공간에 123과 35를 각각 입력해도 되지만, 123,35로 입력해도 동일한 결과가 얻어진다.

예제 3-2) parseInt() 함수가 아닌 read()를 사용하여 두 자리 이상의 숫자를 입력 받는 방법을 알아본다.

조금씩 다른 방법으로 살펴보기로 한다. 아래의 다섯 가지 방법들 모두 자주 사용되므로 익혀 두면 유용하게 사용될 수 있을 것이다.

아래의 프로그램들은 시리얼 모니터창의 옵션을 "line ending 없음"에서 "새 줄 (New Line)"로 변경해야 결과가 제대로 나옴에 주의하자.

[그림 3-2] 시리얼 모니터창의 옵션

```
// 방법 1)
// 주의: 시리얼 모니터의 옵션을 새 줄(New line)로 설정한 후 실행
void setup() {
  Serial.begin(9600);
}
void loop() {
  int data=0;
  int data_buf=0;
  if (Serial.available()>0) {
    data = Serial.read(); // 최초로 수신된 값을 입력
    while (data != '\n') { 줄 변경 ('/n' or 10) 정보가 수신되었는가?
      if (data >= '0' && data <= '9')     //  48 <=data <=57
        data_buf = data_buf * 10 + (data - '0');
```

```
        data = Serial.read();
    }
  Serial.println(data_buf);
    }
}
```

설명) Serial.read()를 통해 수신된 문자가 '0'에서 '9'사이의 문자인지 확인 후 참
이면 data_buf 변수에 저장된다. 이때 저장되는 방법을 유심히 살펴보자.

 data_buf = data_buf * 10 + (data − '0');

'534'라는 문자를 시리얼 모니터창에서 입력하여 아두이노로 전송했다면, '5'라
는 문자를 최초 입력받게 되고, data_buf = 0*10+ '5'(53) − '0'(48)을 통해 data_buf
에는 숫자 5가 저장된다. 그다음 문자인 '3'이 data에 입력되고 data가 '\n' 아니고
또한 '0'에서 '9'사이의 문자이므로, data_buf = 5*10+ '3'(51) − '0'(48)을 통해 53
이 저장된다. 한 번 더 반복 실행하여 data_buf는 534가 저장된 후 data에는 줄 변경
값이 수신되고, while()문을 탈출하여 534를 출력하게 된다.

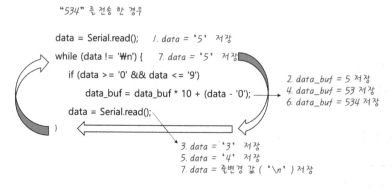

[그림 3-3] 전송된 "534 ↵"가 534로 출력되는 과정

```
// 방법 2)
int data_buf=0;
void setup() {
 Serial.begin(9600);
```

```
  }
void loop() {
  int data=0;
  if (Serial.available()) {
    data = Serial.read();
    if( isDigit(data))      {
      data_buf = data_buf * 10 + (data - '0');
    }
    else if (data == '\n')      {
      Serial.println(data_buf);
      data_buf=0;
    }
  }
}
```

설명) 앞의 예제와 비교 시 변경된 점은 크게 3가지인데, 첫 번째는 while()을 사용하지 않고 loop()에서 처리한 것이다. 이로 인해 data_buf 변수가 지역변수에서 전역변수로 변경되었다. 물론 지역변수로 사용할 수도 있지만, 특별한 처리를 해줘야 한다(인터럽트에서 다시 다루도록 한다). 두 번째는 isDigit() 함수의 사용이다. isDigit(data)의 경우 data 변수가 0에서 9사이의 문자인지를 확인하는 함수로 data >= '0' && data <= '9'와 동일한 의미이다. 세 번째는 data_buf=0을 통해 data_buf 변수를 초기화시키는 과정이 추가되었다. 여러 번 두 자리 이상의 숫자를 입력받아야 하는 경우 data_buf 변수를 초기화해야지만 원하는 결과를 제대로 얻을 수 있다.

```
// 방법 3)
void setup() {
 Serial.begin(9600);
}
void loop() {
```

```
    char   data=0;
    String data_buf="";
    if (Serial.available()) {
       data = Serial.read();
       while (data != ' \n ') { // 10
          if ( isDigit(data))
             data_buf = (data_buf) + (data);
          data = Serial.read();
       }
    Serial.println(data_buf.toInt());
       }
}
```

설명) 방법 1과 유사하지만, 가장 큰 차이는 data_buf 변수가 int형이 아닌 String
으로 선언되었다는 것이다. 문자열 형태인 String의 경우 문자와 문자의 합은 문
자가 결합되어 연속된 문자열이 된다. 예를 들어,

  String A = "ABC";

  String B = "DEF";

  Serial.println(A+B); 의 경우 ABCDEF가 출력된다.

  String 문자열의 경우 다양한 함수(메소드)들을 사용할 수 있다. toInt()의 경
우 String의 문자열을 정숫값으로 반환하는 역할을 한다. 그외에도 indexOf(),
substring(), length() 등이 있는데, 이는 이후에 다루도록 한다.

[그림 3-4] String과 int형의 비교

```
// 방법 4)
#define ARR_N 5  // 수의 최대 자릿수 설정

char data_buf[ARR_N]; // char 형태의 배열 생성
int index = 0;  // 배열 인덱스
void setup()  {
    Serial.begin(9600);
}
void loop()  {
    int data;
    if(Serial.available())  {
      data = Serial.read();
      if(isDigit(data))  {// 0~9 사이의 숫자문자
          if(index < ARR_N){
              data_buf[index] = data;
              index++;  // 데이터가 수신되면 인덱스 증가
          }
      }
      else  {
        data_buf[index] = {0,}; //  배열 초기화
        Serial.println(atoi(data_buf)); // ASCII to integer
        index = 0; // 인덱스 초기화
      }
    }
}
```

설명) 두 자리 이상의 수를 수신하기 위한 방법 중 이번에 소개할 방법은 배열로 저장하고 문자 배열을 정수로 변경하는 atoi() 함수를 이용하는 것이다. ARR_N은 이 프로그램에서 연속된 자리의 최대 자릿수를 결정하며, data_buf 변수는 배열이다. 수신된 문자가 0에서 9 사이의 숫자 형태이고, index가 ARR_N을 초과하지 않는다면, index를 증가시키며, data_buf 배열에 차곡차곡 저장한다. 만약 받은

데이터가 숫자 형태가 아니면 data_buf 배열과 index를 초기화하고, 배열을 출력한다. 이때 주의할 것이 있다.

atoi() 함수를 사용하지 않고, data_buf를 출력해도 입력한 숫자가 출력된다. 그런데 과연 화면에 출력된 숫자가 진짜 숫자라고 자신하는가? 화면에 출력된 것은 문자열이다. toInt() 메소드를 이용한 것처럼 atoi() 함수를 이용하면 문자 배열을 숫자로 변경할 수 있다. 참고로 atol()은 ASCII to Long으로 integer 가능 범위(최대 65535) 이상의 숫자를 변경할때는 atol() 함수를 사용하자.

```
// 방법 5-1)
void setup() {
    Serial.begin(9600);
}
void loop() {
    // 줄변경 ('\n' ,10)이 일어날 때까지 문자열 저장
    String data_buf=Serial.readStringUntil(10);
    if(data_buf !=0){
        Serial.print(data_buf + 5); // 문자열 + 5
        Serial.print(',');
        Serial.println(data_buf.toInt() + 5);  // 정수 + 5
    }
    Serial.println("Hello");
}
```

```
// 방법 5-2)
void setup() {
    Serial.begin(9600);
}
void loop() {
    Serial.println("Hello");
}
```

```
void serialEvent(){ // 새로운 데이터가 수신될 때 실행
    String data_buf=Serial.readStringUntil(10);
    if(data_buf !=0){
        Serial.print(data_buf + 5); // 문자열 + 5
        Serial.print(',');
        Serial.println(data_buf.toInt() + 5);  // 정수 + 5
    }
}
```

설명) 마지막으로 소개할 방법은 readStringUntil() 멤버 함수와 serialEvent() 함수를 사용하는 것인데, 이전의 여러 방법들보다 좀 더 간결하고 가독성을 높일 수 있다. 방법 5-1에 새롭게 사용된 함수는 readStringUntil(10)이다. readStringUntil(종결자) 메서드는 시리얼 버퍼에서 수신된 문자들을 문자열로 저장하는데, 종결자를 만나거나 정해진 시간

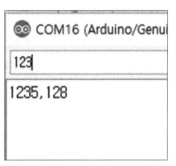

(Serial.setTimeout())을 초과하면 종료된다.
String형의 data_buf 변수에는 종결자인 10(줄 바꿈)을 만나면 그 이전까지 수신된 문자열을 반환하게 되고, Serial.setTimeout()을 지정하지 않았으므로 default 값인 1초 후까지 수신된 값이 저장된다. data_buf에 수신된 값이 있으면 두 개를 출력하는데, 첫 번째는 문자열을, 두 번째는 숫자를 출력한다.
예를 들어 123을 입력받으면, 1235, 128이 출력된다.
이때 Hello는 1초마다 출력된다.

이제 방법 5-2를 살펴보자. loop() 함수에는 "Hello"를 출력시키는 한 문장만 존재하며, 데이터 수신과 출력에 관한 모든 문장들은 serialEvent()의 독립 함수로 옮겨져 있다. serialEvent() 함수는 새로운 데이터가 수신될 때 실행되는데, loop() 함수가 실행될 때마다 매번 동작하게 된다. 따라서 serialEvent() 함수 내에 delay()가

있는 것은 좋지 않다. 5-1과 5-2의 실행 결과의 차이는 Hello의 출력 횟수에 있다. serialEvent() 함수로 수신에 관련된 부분을 옮김으로 가독성을 높일 수 있을 뿐만 아니라, loop()와 독립적으로 수행함으로 loop()에서 실행해야 할 중요한 일에 방해하지 않을 수 있다.

이제 두 개의 아두이노를 UART 통신으로 연결하여 필요한 정보를 전달해 보자. 우노끼리 먼저 통신한 후에 메가(Mega)끼리 통신하는 것도 살펴보도록 한다.

앞서 언급한 것처럼 우노에는 물리적 시리얼 포트가 한 쌍(RX(0), TX(1))뿐이다.

1번 우노와 2번 우노를 다음과 같이 연결한다. 하지만 주의할 점은 프로그램 업로드 후에 서로 연결해야 한다. 연결된 채로 업로드하면 에러가 발생한다. 프로그램 업로드를 위해 PC와 연결된 포트 역시 이 물리적 포트이기 때문이다.

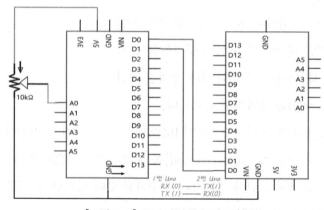

[그림 3-5] 우노 사이의 UART 통신

예제 3-3) 1번 우노에서 측정한 가변저항 값을 2번 우노로 전송하고, 2번 우노에서 수신된 데이터를 출력한다.

*중요 : 프로그램 업로드 전에 반드시 우노 간의 연결을 제거하자.

```
// 발신부( 보내는 쪽 1번 우노)
void setup() {
    Serial.begin(9600);
```

```
}
void loop() {
  Serial.println(analogRead(A0)); // 0~1023 사이의 값 출력
  delay(500);  // 발신 주기 0.5Sec
}


// 수신부( 받는 쪽 2번 우노)
void setup() {
    Serial.begin(9600);
}

void loop() {

}
void serialEvent(){ // 새로운 데이터가 수신될 때 실행
    String data_buf=Serial.readStringUntil(10);
    if(data_buf !=0){
        Serial.println(data_buf.toInt());
    }
}
```

설명) 발신 측의 1번 우노에서 0.5Sec 주기로 가변저항의 전압값을 보내면, 수신 측의 2번 우노에서 이 data를 수신하여 출력한다. 아두이노 스케치 메뉴 중 툴을 클릭하여 포트를 1번 또는 2번 아두이노의 컴포트 번호로 변경하여 시리얼 모니터창을 열어도 시리얼 모니터창에는 동일한 데이터가 출력된다. 1번 우노에서 Serial.println() 함수를 이용하여 가변저항의 전압값을 보낼 때마다 줄 변경에 관련된 정보(10)를 송신하므로 2번 수신측에서 Serial.readStringUntil(10)을 이용하여 원하는 정보를 수신할 수 있다. 그런데 프로그램 변경 후 재업로딩하려고 하면 다시 우노 간에 연결된 선을 제거해야 하는 번거로움이 있다. 이런 불편함을 개선하기 위해 아두이노 측에서는 기본 라이브러리인 소프트웨어 시리얼을 제공하고 있다.

3.1.2 소프트웨어 시리얼(Software Serial)

소프트웨어 시리얼은 일반적인 입출력 데이터핀(GPIO) 핀을 RX, TX 역할을 할 수 있도록 해 주는 라이브러리이다. 모든 아두이노 보드들에서 모든 핀이 소프트웨어 시리얼의 TX는 가능해도 RX가 가능한 것은 아니다. 우노의 경우는 모든 핀이 가능하고, 메가의 경우는 10~15번, 50~53번, A8~A15번 핀이 가능하며, 레오나르도 마이크로로는 8~11번, 14~16번 핀만이 가능하다. 참고로 메가의 경우는 여분의 물리적 시리얼 포트가 있으므로 소프트웨어 시리얼을 사용하는 경우는 드물다.

UART가 가능한 시리얼 포트는 소프트웨어 시리얼을 사용하면 우노의 경우 최대 10개까지 가능해지지만, 한 번에 한 장치만 실제 통신이 가능하다.

소프트웨어 시리얼 클래스의 멤버 함수(메소드)는 시리얼 멤버 함수들과 함수명, 함수 기능들이 거의 동일하다. 다만 Serial.begin(), Serial.print()의 Serial이 아닌 객체명.begin(), 객체명.print()가 되어야 한다. 또한, 객체 생성 시에 RX, TX의 역할을 할 핀번호를 지정해 줘야 하는 차이가 있다.

예제 3-4) 소프트웨어 시리얼을 이용하여 예제 3-3을 다시 프로그래밍한다.

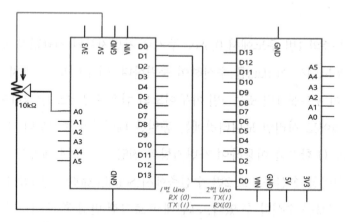

[그림 3-6] 우노 사이의 UART 통신(Software Serial)

```
// 발신부( 보내는 쪽 1번 우노)
#include <SoftwareSerial.h>

SoftwareSerial mySerial(2,3); // mySerial 명의 객체 생성, 2번 RX, 3번 TX
void setup() {
    mySerial.begin(19200); // 소프트웨어 시리얼은 19200bps로 설정
}
void loop() {
  mySerial.println(analogRead(A0)); // 0~1023 사이의 값 출력
  delay(500);  // 발신 주기 0.5Sec
}


// 수신부(받는 쪽 2번 우노)
#include <SoftwareSerial.h>

SoftwareSerial mySerial(2,3); // 2번 RX, 3번 TX
void setup() {
    Serial.begin(9600);    // 시리얼 모니터창의 통신 속도는 9600bps로 설정
    mySerial.begin(19200); // 소프트웨어 시리얼은 19200bps로 설정
}
void loop() {
    if (mySerial.available())              mySerialcomm();
}
void mySerialcomm(){ // 새로운 데이터가 수신될 때 실행
    // 줄이 변경될 때까지의 정보를 data_buf에 저장
    String data_buf=mySerial.readStringUntil(10);
    if(data_buf !=0){
        Serial.println(data_buf.toInt());
    }
}
```

설명) #include의 전처리기를 사용하여 softwareSerial 라이브러리를 사용하도록 준비한다. 그리고 SoftwareSerial 클래스를 mySerial 객체명으로 선언하고, 이때 소프트웨어 시리얼의 RX는 2번, 소프트웨어 TX는 3번으로 사용하겠다고 지정해 준다. 0번과 1번을 사용한 물리적 시리얼 통신을 사용하기 위해서는, 또는 시리얼 모니터창을 사용하기 위해서는 Serial.begin(), Serial.println() 등으로 사용해야 하고, 2번과 3번을 사용한 소프트웨어 시리얼 통신을 사용하기 위해서는 객체로 선언한 mySerial을 이용한 멤버 함수(메소드)로 접근하여 mySerial.begin() 등으로 사용해야 한다. 예제 3-3과 가장 큰 차이점은 소프트웨어 시리얼을 사용하는 경우 serialEvent() 함수 사용이 불가능한 점이다. serialEvent() 함수는 물리적 시리얼 통신 포트에서 수신이 발생한 경우(4장 인터럽트 참조)만 가능하다.

이제 두 개의 가변저항 정보를 보내는 경우를 생각해 보자.
단순히 아래와 같이 프로그래밍해도 큰 문제는 없어 보인다.

```
Serial.println(analogRead(A0));
Serial.println(analogRead(A1));
```

프로그램은 순차적으로 실행하므로 분명히 A0 아날로그값을 먼저 보낸 후 A1 값을 보내겠지만, 비동기식이므로 A0와 A1의 순서가 바뀐 채 수신될 가능성도 많다.

이때 흔히 사용하는 방법으로 헤더(보내고자 하는 메시지 앞)나 푸터(보내고자 하는 메시지 끝)에 식별자(식별할 수 있는 문자)를 이용하고, 데이터들 사이는 콤마(,)를 이용한다. 혹은 데이터들마다 식별자를 붙여 사용하기도 한다.

온도, 습도, 무게, 거리

헤더 A ,20, 60, 30, 50, Z 푸터

[그림 3-7] 여러 정보를 송신할 때의 포맷

참고로 Serial.println('a'); 의 경우 단순히 'a' 문자만 보내는 것이 아니라, 개행문자(10 or 'n')를 같이 보낸다.

예제 3-5) 가변저항 두 개의 아날로그값을 헤더 식별자를 이용하여 송수신한다.

포맷: H, 가변저항1, 가변저항2\r\n

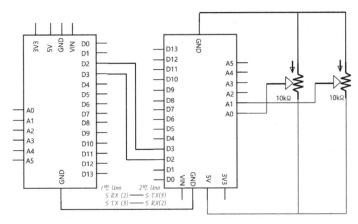

[그림 3-8] 우노와 우노의 UART 연결

```
// 발신부(보내는 쪽 1번 우노)
#include <SoftwareSerial.h>


SoftwareSerial mySerial(2,3); // 2번 RX, 3번 TX
void setup() {
    mySerial.begin(19200); // 소프트웨어 시리얼은 19200bps로 설정
}
void loop() {
```

```
    mySerial.print('H'); // 헤더
    mySerial.print(','); // ','로 분리
    mySerial.print(analogRead(A0)); // 1번 가변저항값 출력
    mySerial.print(','); // ','로 분리
    mySerial.println(analogRead(A1)); // 2번 가변저항값 출력
    delay(500);   // 발신 주기 0.5Sec .
}


// 수신부(받는 쪽 2번 우노)
#include <SoftwareSerial.h>


SoftwareSerial mySerial(2,3); // 2번 RX, 3번 TX
void setup() {
    Serial.begin(9600); // 시리얼 모니터창의 통신 속도는 9600bps로 설정
    mySerial.begin(19200); // 소프트웨어 시리얼은 19200bps로 설정
}
void loop() {
    if (mySerial.available()) { // UART 수신된 데이터가 있는지 확인
        mySerialcomm();
    }
}
void mySerialcomm(){ // 새로운 데이터가 수신될 때 실행
    String data_buf=mySerial.readStringUntil(10);
    if(data_buf != 0)  {
      if(data_buf.charAt(0)=='H') { // 시작이 H인지 확인
        int fir = data_buf.indexOf(','); // 첫 번째 ','의 위치
        int sec = data_buf.indexOf(',',fir+1); // 두 번째 ','의 위치
        String str1 = data_buf.substring(fir+1, sec);
        String str2 = data_buf.substring(sec+1, data_buf.length());
        Serial.print(str1.toInt());
        Serial.print(',');
```

```
        Serial.println(str2.toInt());
    }
  }
}
```

설명) 이 프로그램에서는 전에 보지 못했던 String의 멤버 함수들이 사용되었다. 우선 새로운 멤버 함수들에 대해 먼저 소개하도록 한다.

charAt(n): String의 문자열 속에서 특정한 위치로 접근하기 위한 함수로 문자열의 n 번째 문자를 반환한다.

위의 예, data_buf.charAt(0)=='H' 의 경우 data_buf 문자열의 첫 번째 위치가 'H' 문자인지를 판단한다.

indexOf(val, from) : String 문자열 속에서 찾기 원하는 문자 또는 문자열의 위치를 반환하며, 만약 없으면 −1을 반환한다. 만약 첫 위치부터가 아니라 찾기 시작할 위치를 알려 주고 싶으면, from 위치에 인덱스(숫자 정보)를 표기하면 된다.

위의 예, data_buf.idexOf(',')의 경우 data_buf 문자열 속에서 ','가 제일 처음 사용된 위치를 반환한다.

length() : String 문자열 속의 문자 길이를 반환한다.

substring(from, to) : String 문자열을 원하는 위치에서부터(from) 원하는 위치까지(to, 생략 가능) 분리시켜 새로운 형태의 String 문자열을 생성(substring)한다.

위의 예, String str1 = data_buf.substring(fir+1, sec)의 경우 data_buf의 문자열을 fir+1번째부터 sec까지 분리한 후 str1의 새로운 문자열에 저장한다.

즉 위의 송신부 프로그램은 H,0~1023,0~1023 그리고 이어서 줄 변경 정보(\n\r)를 전송하고, 수신부 프로그램은 줄이 변경될 때까지의 데이터를 data_buf 문자열에 저장하고, 'H'로 시작하는 포맷이면 ','의 위치를 파악한 후 ','를 기준으로 분리한다.

마지막으로 분리된 문자열을 toInt() 멤버 함수를 이용하여 숫자로 변경한다.

예제 3-6) 앞의 송신부 포맷에 푸터도 추가한다.

포맷: H, 가변저항1, 가변저항2, \r\n

```
// 발신부(보내는 쪽 1번 우노)
#include <SoftwareSerial.h>


SoftwareSerial mySerial(2,3); // 2번 RX, 3번 TX
void setup() {
    mySerial.begin(19200); // 소프트웨어 시리얼은 19200bps로 설정
}
void loop() {
  mySerial.print('H'); // 헤더
  mySerial.print(','); // ','로 분리
  mySerial.print(analogRead(A0)); // 1번 가변저항값 출력
  mySerial.print(','); // ','로 분리
  mySerial.print(analogRead(A1)); // 2번 가변저항값 출력
  mySerial.print(',');
  mySerial.println('Z');
  delay(500);  // 발신 주기 0.5Sec
}

// 수신부( 받는 쪽 2번 우노)
#include <SoftwareSerial.h>

SoftwareSerial mySerial(2,3); // 2번 RX, 3번 TX

void setup() {
    Serial.begin(9600); // 시리얼 모니터창의 통신 속도는 9600bps로 설정
    mySerial.begin(19200); // 소프트웨어 시리얼은 19200bps로 설정
}
void loop() {
    if (mySerial.available()) { // UART 수신된 데이터가 있는지 확인
```

```
            mySerialcomm();
      }
  }
}
void mySerialcomm(){ // 새로운 데이터가 수신될 때 실행
    String data_buf=mySerial.readStringUntil(10);
    if(data_buf != 0)  {
      if((data_buf.charAt(0)=='H') &&(data_buf.charAt(data_buf.length()-
2)=='Z')){
        // 시작이  H, 끝이 Z인지 확인
        int fir = data_buf.indexOf(','); // 첫 번째 ','의 위치
        int sec = data_buf.indexOf(',',fir+1); // 두 번째 ','의 위치
        int thi = data_buf.indexOf(',',sec+1); // 세 번째 ','의 위치

        String str1 = data_buf.substring(fir+1, sec);// 가변저항 1의 정보
        String str2 = data_buf.substring(sec+1, thi);// 가변저항 2의 정보

        Serial.print(str1.toInt());
        Serial.print(',');
        Serial.println(str2.toInt());
      }
  }
}
```

설명) 예제 3-5에서 푸터('Z')가 추가된 프로그램이다. 그런데 이 푸터 'Z'의 위치가 data_buf.length()-2 라는 것에 의아해할 수도 있다. 그 이유는 바로 0부터 시작하므로 -1, data_buf에는 개행 문자(10)가 있으므로 -1, 하여 총 개수의 -2만큼 보상해 주어야 푸터 'Z'의 위치를 찾을 수 있다. 그리고 이전 예제보다 ','가 하나 더 사용되었으므로, indexOf(',')를 3번 이용하여 ',' 사이의 두 가변저항 정보를 추출할 수 있다.

예제 3-7) 위 예제 3-6을 메가를 사용하여 풀어보자. 메가에는 4쌍의 시리얼 포

트가 존재하므로 소프트웨어 시리얼을 사용할 필요가 없다.

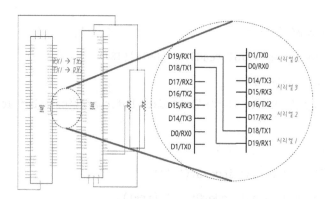

[그림 3-9] 메가와 메가의 UART 연결

```
// 발신부(보내는 쪽 1번 메가)
void setup() {
    Serial1.begin(19200); // 소프트웨어 시리얼은 19200bps로 설정
}
void loop() {
  Serial1.print('H'); // 헤더
  Serial1.print(','); // ','로 분리
  Serial1.print(analogRead(A0)); // 1번 가변저항값 출력
  Serial1.print(','); // ','로 분리
  Serial1.print(analogRead(A1)); // 2번 가변저항값 출력
  Serial1.print(',');
  Serial1.println('Z');
  delay(500);  // 발신 주기 0.5Sec
}

// 수신부(받는 쪽 2번 메가)
void setup() {
    Serial.begin(9600); // 시리얼 모니터창의 통신 속도는 9600bps로 설정
    Serial1.begin(19200); // 소프트웨어 시리얼은 19200bps로 설정
```

```
    // Serial2.begin(xxxx); // RX2, TX2를 사용한다면
    // Serial3.begin(xxxx); // RX3, TX3을 사용한다면
}
void loop() {

}
void serialEvent1(){ // 새로운 데이터가 수신될 때 실행
    String data_buf=Serial1.readStringUntil(10);
    if(data_buf != 0)  {
      if((data_buf.charAt(0)=='H') &&(data_buf.charAt(data_buf.length()-
2)=='Z')){
        // 시작이 H, 끝이 Z 인지 확인
          int fir = data_buf.indexOf(','); // 첫 번째 ','의 위치
          int sec = data_buf.indexOf(',',fir+1); // 두 번째 ','의 위치
          int thi = data_buf.indexOf(',',sec+1); // 세 번째 ','의 위치

          String str1 = data_buf.substring(fir+1, sec); // 가변저항 1의 정보
          String str2 = data_buf.substring(sec+1, thi); // 가변저항 2의 정보

          Serial.print(str1.toInt());
          Serial.print(',');
          Serial.println(str2.toInt());
      }
    }
}
void serialEvent2(){
  // 만약 RX2, TX2를 사용한다면...
}
void serialEvent3(){
  // 만약 RX3, TX3을 사용한다면...
}
```

설명) 메가는 4쌍의 물리적 시리얼 포트가 있다. 따라서 4쌍 모두 아래의 그림처럼 serialEvent() 함수를 사용할 수 있다.

RX0, TX0 사용시	RX1, TX1 사용시	RX2, TX2 사용시	RX3, TX3 사용시
Serial.begin(); Serial.println() Serial.read();	Serial1.begin(); Serial1.println() Serial1.read();	Serial2.begin(); Serial2.println() Serial2.read();	Serial3.begin(); Serial3.println() Serial3.read();

void serialEvent(){
 	
}
	void serialEvent1(){
	
	}
		void serialEvent2(){
		
		}
			void serialEvent3(){
			
			}

[그림 3-10] 아두이노 메가의 시리얼 포트 사용

3.1.3 블루투스 사용하기(무선통신)

스마트폰과 스마트 기기들이 대중화되면서, WIFI를 사용하거나 블루투스를 사용하여 데이터(이미지, 음성, 영상 등)를 주고받거나, 원격에서 제어하는 일이 일상이 되었다. 사실 대부분의 프로젝트 역시 무선 기능이 기본으로 탑재된다. 이런 무선통신 중 이번 절에서는 블루투스에 대해 알아본다.

블루투스(Blue Tooth)는 1994년 에릭슨이 개발한 근거리 무선통신이다. 2.4Ghz 대의 단파 전파를 이용하며, 하랄드 블라톤 국왕의 별명인 '파란 이빨의 왕'에서 유래되었다고 한다. 아두이노에서 가장 흔히 사용되는 블루투스의 모델은 HC-05, HC-06이며, BLE(저전력 블루투스 통신) 기능이 내장된 HM-10 역시 최근에 많이 사용되고 있다.

[그림 3-11] 블루투스 종류(왼쪽부터 HC-05, HC-06, HM-10)

HC-05와 HC-06은 H/W 스펙과 성능은 동일하나 펌웨어와 핀 수, Button 스위치 유무의 차이가 있다. 스마트폰이 아닌 다른 기기들을 해킹하여 블루투스와 연결하기 위해서는 AT Command의 자유도가 높은 HC-05를 선택하는 것이 좋다.

Radio Chip: CSR BC417

Memory: External 8Mbit Flash

Output Power: −4 to +6dbm Class 2

Sensitivity: −80dbm Typical

Bit Rate: EDR, up to 3Mbps

Interface: UART

Antenna: Built-in 2.4Ghz

Dimension: 27W x 13H x 2D mm

Voltage: 3.1 to 4.2 VDC ,

Current: 40mA max

HC-05/06과 아두이노의 연결을 위하여 HC-05/06의 전압, GND, TXD, RXD를 아두이노의 5V, GND, RX, TX에 연결하면 된다. 3.3V로 동작되는 HC-05/06에는 3.3V 레귤레이터가 장착되어 있으므로, 3.6V ~ 6V 사이의 전압(아두이노 5V)을 연결하면 되지만, 정상 동작을 위해서 RXD, TXD 역시 3.3V로 변경해 줘야 한다. 아두이노의 RX, TX 역시 5V 전압이기 때문이다. 사실 HC-05/06의 TXD(3.3V)가 아두이노로 들어왔을 때 아두이노는 High로 인식 가능하므로 문제되지 않는다. 다만 아두이노의 5V 신호가 HC-05/06의 RXD로 인가되면 문제가 될 수 있다. 판매자 사이트에는 아무런 문제가 발생하지 않으니 바로 직접 연결해도 된다고 명시되어 있지만, BC417 칩의 RXD 핀이 고장날 수도 있다. 실제로 인터넷의 블로그 또는 유튜브에 소개된 HC-05/06의 결선에는 아무런 보호 소자(전압 분배 등) 없이 직접 연결되어 있는 걸 볼 수 있는데, 전압 분배를 이용한 연결이 바람직하다.

우선 5V의 전압을 전압 분배를 통해 3.3V까지 강하시켜 보자.

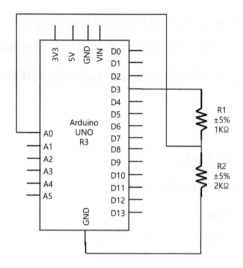

[그림 3-12] 3.3V로 전압 강하

```
// 아두이노의 TX 신호 5V가 HC-06의 RXD로 3.3V 인가되도록 하기 위함
void setup() {
  pinMode(3, OUTPUT);
  Serial.begin(9600);
  digitalWrite(3, 1); // 3번에
}
void loop(){
  Serial.println(analogRead(A0)*5/1023.0); // 전압 레벨로 변환
}
```

위 그림처럼, 1KΩ과 2KΩ을 이용한 전압 분배를 통해 5V 전압을 3.3V로 강하시킬 수 있음을 확인할 수 있다.

COM16 (Arduino/Genuino Uno)

3.31
3.31
3.31
3.31
3.31
3.31

예제 3-8) HC-06을 아두이노와 연결하여 13번의 LED를 On/Off 제어해 보자.

1. 블루투스 모듈과 아두이노의 연결

아두이노 우노를 이용하여 HC-06을 연결하자. HC-06의 RXD는 3.3V 인가되어야 하므로, 앞서 살펴본 것처럼 저항을 통해 전압을 3.3V로 강하시키자.

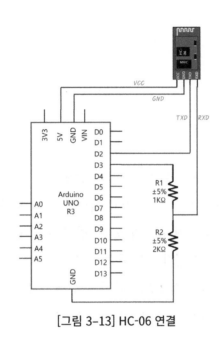

[그림 3-13] HC-06 연결

2. 아두이노 블루투스 컨트롤러 앱 설치 및 설정

이 예제를 위해 스마트폰에 앱(Application)을 설치해야 하는데 안드로이드 기준으로 설명하도록 한다. 물론 앱 인벤터를 이용하여 앱 제작이 가능하겠지만, 이 책에서는 블루투스 학습에 목적이 있으므로 제작보다는 활용에 집중한다. 우선 스마트폰의 Play 스토어에서 아두이노 블루투스 컨트롤러 또는 영어로 Arduino bluetooth controller라고 검색하면 Giumig Apps에서 개발한 무료 앱이 검색되는데 다운받아 설치하자.

[그림 3-14] 블루투스 컨트롤러 앱

앱을 실행하면, 연결 가능한 장치 검색과 이전에 본인의 스마트폰에서 페어링되었던 블루투스 장치들의 목록이 나열된다. 앱의 돋보기 모양을 통해 검색을 하면 'HC-06'이 Available devices에 표시가 된다. 만약 이렇게 표시가 되지 않는다면, 본인 휴대폰의 블루투스를 활성화시켜 주고, 주변 장치 검색을 통해 HC-06을 페어링한 후 다시 아두이노 블루투스 컨트롤러 앱을 실행시켜 Connect to a device 목록에서 HC-06을 찾아서 클릭하자. 참고로 HC-06의 초기 비밀번호는 1234 또는 0000이다.

페어링이 되었다면, HC-06의 LED가 더이상 깜빡임 없이 켜진 채로 고정된다.

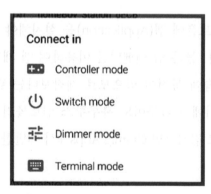

[그림 3-15] Arduino bluetooth controller 앱의 모드

클릭 후에는 그림 3-15와 같은 화면이 발생되는데, 우선 Switch mode를 클릭하자. 그러면 (바와 같은 전원 아이콘이 표시되고, 다시 클릭하면 On / Off 시에 송신할 문자를 선택할 수 있다. 여기서 On 동작 시 'a'를 Off 동작 시 'b'로 설정하도록 한다.

3. 프로그램 작성하기

```
#include <SoftwareSerial.h>

SoftwareSerial mySerial(2,3);
// 2번 RX, 3번 TX, HC-06의 TXD는 2번, RXD는 3번에 연결
void setup() {
    Serial.begin(9600); // 시리얼 모니터창의 통신 속도는 9600bps로 설정
    mySerial.begin(9600); // 블루투스 속도는 9600bps로 설정
    pinMode(13, OUTPUT);
}
void loop() {
    if (mySerial.available()) { // 블루투스로 수신된 데이터가 있으면
        mySerialcomm();
    }
}
void mySerialcomm(){ /
    int data = mySerial.read();
    if(data == 'a') { // 블루투스로 수신된 데이터가 'a' 문자이면
        digitalWrite(13, HIGH);
        Serial.println("LED ON");
    }
    else if(data == 'b'){ // 블루투스로 수신된 데이터가 'b' 문자이면
        digitalWrite(13, LOW);
```

```
    Serial.println("LED OFF");
  }
}
```

설명) 블루투스의 전원 버튼을 클릭하여 문자 'a' 를 수신하면 시리얼 모니터창에서는 LED On이라는 문장의 출력과 함께 13번의 LED가 On 되고, 문자 'b'를 수신하면 LED Off라는 문장과 함께 LED가 Off 된다. 이제 우리는 원격에서 아두이노의 LED를 제어할 수 있게 되었다.

예제 3-9) 이제는 블루투스를 이용하여 3색 LED를 제어해 보자. 아두이노 블루투스 컨트롤러의 Switch Mode가 아닌 Controller Mode를 이용한다.

1. 아두이노 블루투스 컨트롤러 앱 설정(Controller mode)

Switch mode는 단순히 On/Off 동작만 가능하지만, Controller mode는 다양한 아이콘이 존재하여 좀 더 복잡한 송신이 가능해진다.

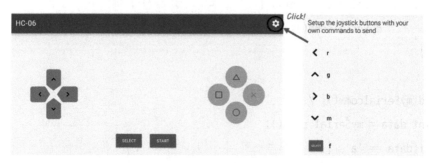

[그림 3-16] Arduino bluetooth controller 앱의 Control mode

좌측면의 방향키에서 왼쪽(〈) 화살표부터 시계방향으로 r,g,b,m으로 설정하고, SELCET 버튼은 f로 설정하자. 프로그래밍은 이러한 버튼들이 눌려졌을 때 3색 LED의 red, green, blue, 그리고 랜덤한 색상으로 변경되게 하고, SELECT가 눌려지면

LED가 꺼지도록 하자.

2. 프로그램 작성하기

```
#include <SoftwareSerial.h>
SoftwareSerial mySerial(2,3);
void setup() {
    Serial.begin(9600); // 시리얼 모니터창의 통신 속도는 9600bps로 설정
    mySerial.begin(9600); // 블루투스 속도는 9600bps로 설정
    pinMode(13, OUTPUT);
}
void loop() {
    if (mySerial.available()) {
            mySerialcomm();
    }
}
void mySerialcomm(){ // 블루투스로 수신된 데이터가 있으면
    int data = mySerial.read();
    if(data == 'r')    led_control(255,0,0);
    else if(data == 'g')    led_control(0,255,0);
    else if(data == 'b')    led_control(0,0,255);
    else if(data == 'm')
led_control(random(255),random(255),random(255));
    else if(data == 'f')    led_control(0,0,0);
}
void led_control(int r, int g, int b){
    analogWrite(9,r);
    analogWrite(10,g);
    analogWrite(11,b);
}
```

설명) 블루투스 컨트롤러 앱에서는 r,g,b,m,f 문자를 아두이노 측으로 전송할 수

있으며, 아두이노에서는 해당 문자 수신 시 led_control() 함수를 호출하여 색상 제어를 할 수 있다.

지금까지는 스마트폰에서 아두이노로 전송하는 단 방향 통신만 살펴보았다. 블루투스 컨트롤러 앱의 Terminal mode를 이용하면 양방향 통신도 가능하니, 각자 한번 경험해 보기 바란다. 하지만 언제나 스마트폰으로 아두이노를 제어할 수는 없다. 무선 조정 RC카를 생각해 보라. 리모트 컨트롤러(조정기)와 RC 자동차 두 개의 페어링된 시스템이 각각 존재한다. 우리도 이제 송수신이 가능한 두 개의 아두이노 기반의 시스템을 페어링해 보자.

3.1.4 두 대의 아두이노 블루투스 통신으로 연결하기

두 개의 블루투스 모듈(HC-06 또는 HC-05)을 페어링하기에 앞서 블루투스 모듈의 설정을 변경해야 되는데, AT Command 명령을 통해 설정 변경이 가능해진다. HC-06과 HC-05는 유사하지만, 조금씩 차이가 있으므로 주의하여 설정을 변경하도록 한다.

3.1.4.1. HC-06의 기본 설정 변경(AT Command)

HC-06에 default로 설정된 이름, 통신 속도, 비밀번호, 그리고 역할(마스터/슬레이브) 등의 변경이 필요할 때가 있다. 예를 들어 HC-06을 수업 시간에 사용한다고 가정하자. 30명 정도의 학생들이 HC-06에 전원을 인가하여 본인이 가진 스마트폰과 페어링한다고 할 때, 본인의 HC-06을 찾는 게 가능할까? 이름을 변경하기 전에는 불가능하다고 느껴질 것이다.

[그림 3-17] 다수 개의 HC-06이 존재하는 공간에서의 문제점

그뿐만 아니라, 비밀번호가 이미 알려져 있으므로, 보안에 취약함은 이미 예상할 수 있다. 따라서 이런 기본 설정을 변경하는 방법을 알아보자. Software Serial을 이용할 것이므로, HC-06의 TXD, RXD 를 아두이노의 2번, 3번에 연결하자.

AT Command를 위한 프로그램은 다음과 같다.

```
#include <SoftwareSerial.h>
SoftwareSerial btSerial(2,3);
 // 아두이노 2번 → 블루투스 TXD, 아두이노 3번 → 블루투스 RXD
void setup(){
   Serial.begin(9600);  // 시리얼 모니터 bps
   btSerial.begin(9600); // 블루투스 bps, HC-06의 경우는 9600bps로 세팅됨
}

void loop(){
   // 시리얼 모니터로 AT 명령어 입력 시 블루투스로 송신
   if(Serial.available())  {
     delay(5);
     while(Serial.available())      btSerial.write(Serial.read());
   }
```

```
  // 블루투스에서 전달받은 데이터를 시리얼 모니터로 출력
  if(btSerial.available())  {
    delay(5);
    while(btSerial.available())    Serial.write(btSerial.read());
    Serial.println(); // AT 명령어 실행 후 줄 변경
  }
}
```

AT Command를 위한 프로그램은 시리얼 모니터의 보 레이트와 블루투스의 보 레이트를 설정하는 부분, 시리얼 모니터에서 입력받은 명령어를 블루투스로 송신하는 부분, 블루투스에서 수신한 데이터를 시리얼 모니터로 출력하는 부분으로 이루어져 있다.

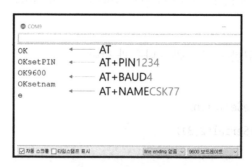

[그림 3-18] HC-06의 AT Command 설정

프로그램 업로딩 이후 시리얼 모니터의 옵션에서 "line ending 없음"으로 설정한 후 AT 라고 치고 Enter 키를 누르면, 시리얼 모니터 화면에 "OK"가 출력된다. 만약 출력이 안 된다면 HC-06의 잘못된 결선, 또는 시리얼 모니터창의 통신 속도 문제 (9600 bps), 또는 블루투스 모듈의 설정이 9600bps가 아닐 수도 있다.

[표 3-1] HC-06의 AT Command 명령어

AT 명령어	변경
AT+PIN	비밀번호
AT+BAUD	통신 속도(아래 참조)
AT+NAME	이름 변경
AT+ROLE=	마스터 / 슬레이브 변경

AT+NAMECSK77 ← 명령어와 붙여서 이름 지정

AT 명령어 시에 주의할 점은 띄어쓰기 역시 적용되므로 꼭 필요한 경우가 아니면 붙여 써야 된다. 예를 들어 AT+NAME= CSK77의 경우는 이름이 "CSK"가 아니라, "= CSK77"이 됨에 주의하자. BPS를 설정하는 AT+BAUD의 경우는 1부터 8까지 숫자를 명령어와 붙여 적으면 되는데, 각 숫자가 의미하는 속도는 다음과 같다.

AT+BAUDNo.의 bps

[표 3-2] AT+BAUD의 숫자에 해당하는 속도

Number	bps(bits per second)
1	1200
2	2400
3	4800
4	9600
5	19200
6	38400
7	57600
8	115200

블루투스의 역할을 변경하는 "AT+ROLE=" 명령어는 유일하게 명령어 다음에 "="이 붙는다. M 또는 S를 "=" 다음에 붙여 마스터 또는 슬레이브로 설정 가능하다.

3.1.4.2 HC-05의 기본 설정 변경(AT Command)

HC-05 블루투스 모듈은 HC-06과 기본적으로는 거의 같지만, 펌웨어가 다르며, STATE(블루투스 상태 전송), EN(AT 모드 진입) 의 두 pin이 추가되어 있고, 버튼이 하나 부착되어 있다. STATE는 일반적으로 사용하는 경우는 드물며, EN 핀에 HIGH 신호를 인가하고 아래의 HC-05 모듈의 AT Command를 위한 프로그램을 업로딩 하면 된다. AT 모드로 진입하는 방법은 HC-05의 RXD, TXD, GND, EN 핀을 아두이노와 연결한 후 EN 핀에 HIGH 신호를 주고 VCC를 연결하거나, HC-05에 부착된 버튼을 누른 채 VCC와 연결하면 AT Command 모드로 진입된다. AT Command로 진입 전에는 1초에 5번 정도 HC-05 모듈의 LED가 점멸되며 AT Command 진입 후에는 LED가 약 2초 간격으로 점멸된다.

HC-05 모듈의 AT Command를 위한 프로그램은 다음과 같다.

```
#include <SoftwareSerial.h>
  SoftwareSerial btSerial(2,3);
  // 아두이노 2번 → 블루투스 TXD, 아두이노 3번 → 블루투스 RXD
void setup(){
  Serial.begin(9600); // 시리얼 모니터 bps
  btSerial.begin(38400); // 블루투스 bps HC-05 경우에는 38400bps로 세팅됨
}

void loop(){
  // 시리얼 모니터로 AT 명령어 입력 시 블루투스로 송신
  if(Serial.available()) {
    delay(5);
    while(Serial.available())     btSerial.write(Serial.read());
  }
  // 블루투스로
  if(btSerial.available()) {
```

```
    delay(5);
    while(btSerial.available())    Serial.write(btSerial.read());
  }
}
```

시리얼 모니터창의 옵션은 "Both NL & CR"로 설정해야 하며, HC-05는 초기 보레이트가 38400bps로 설정되어 있다. 그뿐만 아니라 HC-05 모듈은 HC-06과는 다르게 20개 이상의 AT 명령어를 가지고 있으므로, 다른 기기와 블루투스 페어링을 위해서는 HC-05가 더 많이 사용된다. 대표적인 명령어는 다음과 같다.

[표 3-3] HC-05의 AT Command

AT 명령어	변경
AT+PSWD=	비밀번호 default : 1234
AT+UART=	통신 속도(bps, stop bit, parity bit) ex) AT+UART=115200,0,0
AT+CMODE=	연결 모드(0,1,2) 0 = 알고 있는 블루투스 주소와 연결 1 = 어떠한 블루투스 주소라도 연결 2 = slave - loop default : 0
AT+BIND=	바인딩하기 위한 주소 ex) AT+BIND=1234, 56, abcdef
AT+NAME=	이름 변경 default : HC-05
AT+ROLE=	0 / 1 /2 (slave / master/ slave - loop) default : 0
AT+ORGL	초기 상태로 복원

HC-05는 AT 명령어 다음에 "?"를 붙여 현재 상태 확인도 가능하다.

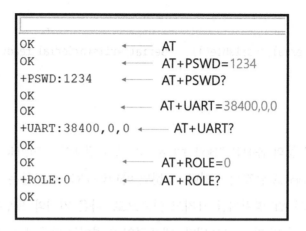

```
OK                    ←——— AT
OK                    ←——— AT+PSWD=1234
+PSWD:1234            ←——— AT+PSWD?
OK
OK                    ←——— AT+UART=38400,0,0
+UART:38400,0,0       ←——— AT+UART?
OK
OK                    ←——— AT+ROLE=0
+ROLE:0               ←——— AT+ROLE?
OK
```

☑자동 스크롤 □타임스탬프 표시   Both NL & CR ∨

[그림 3-19] HC-05의 AT Command

두 개의 블루투스를 페어링하기 위해서는 반드시 맞추어야 하는 것이 있다.

동일한 비밀번호(AT+PIN)
동일한 통신 속도(AT+BAUD)
마스터 역할과 슬레이브 역할로 지정(AT+ROLE=)

예제 3-10) 마스터 블루투스 역할의 아두이노에서 1초 간격으로 "R" → "G" → "B" → "R" → … 순으로 문자를 송신하고, 삼색 LED가 연결된 슬레이브 역할의 아두이노에서는 문자 수신 시에 해당 색상의 LED만 점등한다.

```
// 발신부(마스터)
#include <SoftwareSerial.h>

SoftwareSerial btSerial(2,3); // 2번 RX, 3번 TX
void setup() {
    btSerial.begin(9600); // 소프트웨어 시리얼은 19200bps로 설정
```

```
}
void loop() {
   btSerial.print('R'); // 'R' 전송
   delay(1000);
   btSerial.print('G'); // 'G' 전송
   delay(1000);
   btSerial.print('B'); // 'B' 전송
   delay(1000);
}


// 수신부( 슬레이브   )
#include <SoftwareSerial.h>

SoftwareSerial btSerial(2,3); // 2번 RX, 3번 TX
void setup() {
   btSerial.begin(9600); // 소프트웨어 시리얼은 9600bps로 설정
}
void loop() {
   if (btSerial.available()) { // UART 수신된 데이터가 있는지 확인
        mySerialcomm();
   }
}
void mySerialcomm(){ // 새로운 데이터가 수신될 때 실행
   char data=btSerial.read();
   if(data == 'R') led_control(255,0,0);
   else if(data == 'G') led_control(0,255,0);
   else if(data == 'B') led_control(0,0,255);
}
void led_control(int r, int g, int b){
   analogWrite(9,r);
   analogWrite(10,g);
```

```
    analogWrite(11,b);
}
```

설명) 비밀번호와 통신 속도를 동일하게 변경하고, 마스터 역할과 슬레이브 역할로 구분시킨 후 마스터에서는 1초 간격으로 R, G, B 순으로 전송한다. 슬레이브에서는 수신되는 문자마다 LED가 반응하도록 한다.

3.2 SPI 통신

아두이노의 주변 모듈 중 시리얼 통신으로 송수신하는 모듈이 있지만 많은 모듈들이 SPI 통신 또는 I2C 통신으로 데이터를 전송한다.

SPI는 Serial Peripheral Interface의 약자로, UART에서는 불가능했던 1:N 통신이 가능하며, 고속의 데이터를 송수신하는 경우에 흔히 사용된다. UART 통신에서 살펴본 것처럼 아두이노끼리의 통신도 SPI 통신을 통해 가능하며, 센서 모듈, 엑츄에이터 모듈 등을 구매했을 때 SPI 통신을 지원하면 아두이노와 고속으로 SPI 통신을 이용하여 서로 간의 송수신이 가능하다.

1:N 통신이라는 말이 익숙하지 않을 것이다. 하나의 마스터가 다수의 slave를 제어할 수 있음을 의미하는데, 하나의 대장(마스터) 아두이노가 여러 개의 부하(슬레이브)들, 가령 아두이노 또는 SD 메모리 쉴드, OLED 디스플레이와 같은 SPI 지원 모듈들을 동시에 제어할 수 있게 된다.

UART는 비동기 방식임에 비해 SPI는 동기 방식이다. 동기화를 맞추기 위해 신호(클럭)를 줄 수 있어야 하므로, UART보다 여분의 선이 더 필요한 단점도 있지만, 사용자가 원하는 시점에 데이터를 수신할 수 있는 장점도 있다.

TX, RX, GND의 3선이 필요했던 UART와는 달리 MOSI, MISO, SCK, SS의 4선과 GND까지 최소 5선이 필요하다.

- MISO — Master Input, Slave Output

- MOSI — Master Output, Slave Input

- SCK — Serial Clock

- SS – Slave Selector

MISO는 슬레이브에서 마스터로 데이터 전송하기 위해 사용되며, MOSI는 반대로 마스터에서 슬레이브로 데이터 전송하기 위해 사용된다. SCK는 동기화를 위한 클럭이며 오직 마스터에서만 출력할 수 있다. SS는 어떤 슬레이브와 통신을 할 것인지 선택하기 위해 사용되는데, SS가 LOW 상태이면, 마스터가 전송하는 것을 수신할 수 있지만, HIGH 상태이면 무시하게 된다.

1:1 통신의 연결은 아래와 같다.

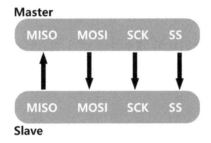

[그림 3-20] SPI 통신(1:1)

MISO와 MOSI가 각기 다른 선으로 되어 있으므로 동시에 주고 받기가 가능한 장점이 있다. 아두이노에서는 SPI 통신을 위한 핀이 지정되어 있는데 SS를 제외하고는 아래의 제시된 핀을 사용해야 한다.

[표 3-4] 아두이노의 SPI 지정 핀 번호

SPI 통신	우노 핀	메가 핀
MOSI	11	51
MISO	12	50
SCK	13	52
SS	10	53

우노와 메가 모두 사용자 편의를 위해 ICSP 포트가 있으므로 이 포트를 이용해도

가능하다. ICSP 포트는 우노의 경우 우측 상단에, 메가는 중앙 위치에 존재한다.

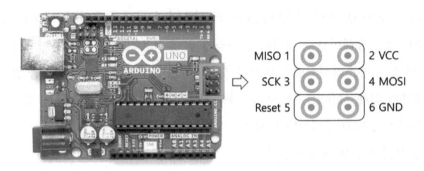

[그림 3-21] 우노의 ICSP 포트

1:n 통신의 경우는 슬레이브의 개수만큼 SS가 필요하며, MISO, MOSI, SCK 선은 공통으로 사용된다.

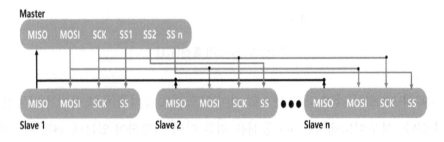

[그림 3-22] SPI 통신 연결 방식 (1:n)

데이터 송수신을 위해 SS의 LOW 신호로 원하는 슬레이브를 선택한 후 SCK의 클럭 신호를 생성하고, 클럭 신호에 맞춰 데이터를 전송하는데, 전송과 수신은 동시에 이루어 질수 있다. 이를 전이중 통신(full-duplex communication)이라 한다.

SPI 통신을 위해 아두이노에서는 SPI 라이브러리가 제공되는데, SPI 클래스에는 다음과 같은 멤버 함수들이 있다.

[표 3-5] 아두이노의 SPI 통신의 멤버 함수(SPI 라이브러리)

멤버 함수	설 명
begin()	SPI 버스 세팅 초기화(SCK, MOSI, SS OUTPUT) SCK = MOSI = LOW, SS = HIGH
end()	통신 종료 및 일반 디지털 핀으로 전환
setBitOrder(order)	어떤 비트가 SPI 버스로 들어가거나 나오게 할 건지 순서 설정 LSBFIRST 또는 MSBFIRST
setClockDivider(amt)	시스템 클럭에 따른 SPI CLOCK DIVIDER 설정 default는 4로 되어 있지만, 2,4,8,16,32,64,128까지 설정 가능 default의 경우 4 클럭당 한 비트 전송,(16Mhz/4)
transfer(val)	한 바이트를 SPI 버스 양방향으로 전송 val이라는 한 바이트 데이터를 보내면 한 바이트가 return 됨
setDataMode(mode)	데이터 전송 시 모드 선택(4가지) SPI_MODE0: Rising(데이터 읽기) → Falling(데이터 쓰기) SPI_MODE1: Rising(데이터 쓰기) → Falling(데이터 읽기) SPI_MODE2: Falling(데이터 읽기) → Rising(데이터 쓰기) SPI_MODE3: Falling(데이터 쓰기) → Rising(데이터 읽기)

예제 3-11) SPI 통신을 이용하여 예제 3-10을 프로그래밍한다.

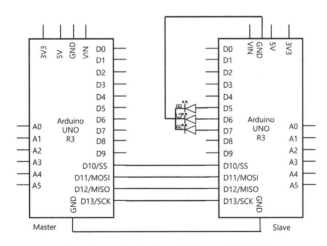

[그림 3-23] 아두이노 간의 SPI 통신 연결

```
// 발신부( 마스터 )
// Master Arduino PGM
#include<SPI.h>
char ms[3]={'R','G','B'};
int i;
void setup (void) {
   pinMode(SS,OUTPUT);
   Serial.begin(9600);
   SPI.begin();                              // SPI 통신 시작
   SPI.setClockDivider(SPI_CLOCK_DIV8);      // 통신 속도 지정 (16/8=2Mhz)
   digitalWrite(SS,HIGH);                    // 슬레이브와 통신 중단
 }

void loop(void) {
   char Mastereceive;
   digitalWrite(SS, LOW);                    // 슬레이브와 통신 시작
   Mastereceive=SPI.transfer(ms[i]);         // R,G,B를 전송
   if(i<=1)     i++;                         // 0,1,2
   else i=0;
   Serial.println(Mastereceive);             // 슬레이브로 수신된 데이터 출력
   delay(1000);
 }


// 수신부( 슬레이브 )
// SPI SLAVE (ARDUINO)
#include<SPI.h>
boolean flag;
char Slavereceived;
char Slavesend;
void setup(){
   Serial.begin(9600);
```

```
   pinMode(MOSI,INPUT);

   pinMode(SCK,INPUT);

   pinMode(SS,INPUT);

   pinMode(MISO,OUTPUT);

   pinMode(5,OUTPUT); // BLUE

   pinMode(6,OUTPUT); // GREEN

   pinMode(7,OUTPUT); // RED

   SPCR |= _BV(SPE);                          // Turn on SPI in Slave Mode

   flag = false;

   SPI.setClockDivider(SPI_CLOCK_DIV8); // 마스터와 속도 동일 해야함

   SPI.attachInterrupt();                     // SPI 통신을 위한 Interuupt ON
}


ISR (SPI_STC_vect)  {       // SPI Inerrrput routine function

   Slavereceived = SPDR;    // 마스터로 수신된 데이터를 Slavereceived에 저장

   flag = true;             // flag True

}


void loop(){

   if(flag)  { // SPI 통신으로 수신된 데이터가 있는 경우는 flag = true

      if (Slavereceived=='R') led_control(1,0,0);     // Red Led On

      else if (Slavereceived=='G') led_control(0,1,0);   // Green Led On

      else if (Slavereceived=='B') led_control(0,0,1); // Blue Led On

   SPDR = Slavereceived;              // SPDR을 통해 마스터로 전송

   flag= false; // flag를 다시 거짓으로 변경

   }

}

void led_control(int r, int g, int b){

   digitalWrite(5,b);

   digitalWrite(6,g);

   digitalWrite(7,r);

}
```

설명) SPI.begin()을 통해 SPI 통신을 시작하게 된다. 통신 속도는 우노의 16Mhz 통신 속도를 8로 나눈 속도로 세팅되며, 마스터와 슬레이브의 속도는 동일해야 한다.

SPI.transfer() 함수를 이용하여 R,G,B를 순차적으로 한 바이트씩 슬레이브로 전송하며, 슬레이브로 수신된 데이터는 Mastereceive 변수에 저장되고, 화면에 이를 출력한다(오른쪽 그림 참조).

```
B
R
G
B
R
G
B
R
G
```

슬레이브에서 SPCR(SPI Control Register)은 SPI 통신에 사용되는 레지스터로 SPE는 SPI 헤더파일에 6으로 define 되어 있다. SPI.attachInterrupt()를 통해 SPI 인터럽트를 활성화하고 SPI 서비스 루틴은 SPI로 수신될 때마다 자동으로 호출되는데, 이때마다 flag는 True가 된다.

3.3 I2C 통신

I2C는 Inter Intergrated Circuit의 약자로 "아이스퀘어씨"로 발음되며, 필립스에서 개발된 통신 방법이다. 동일한 동기식 통신 방식인 SPI 통신과 비교하면 통신 속도 면에서 SPI가 우위에 있지만 연결의 간편성 면에서는 I2C가 우수한데, GND를 포함한 단 3개의 선으로도 연결이 가능하기 때문이다. 물론 UART도 TX, RX, GND의 단 3개의 선이 필요로 하지만 UART와는 다르게 멀티(n:n) 통신이 가능하다. 근거리 무선통신에서는 UART 통신을 주로 사용하지만, 유선통신에서는 I2C 역시 많이 사용된다.

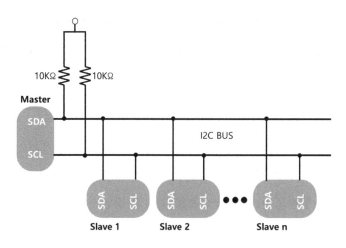

[그림 3-24] I2C 연결 방식 (1:n)

GND를 제외하고 I2C 통신에서 사용되는 2개의 선은 각각 SDA(직렬 데이터), SCL(직렬 클럭)이며, 두 선 모두 풀업(Pull-up)저항을 통해 연결하여 데이터 송수신이 되지 않을 때는 항상 HIGH 상태로 유지시켜 주는 것이 바람직하다. SDA 신호가 LOW가 되면, I2C 통신이 시작된다고 판단하여 SCL 신호가 발생된다. 통신이 완료되면 Master가 SCL 신호를 LOW 신호에서 HIGH 신호로 변경하고 SDA 역시 HIGH로 변경되어 통신이 완료된다. 모든 기기 간에 전압 레벨을 맞추기 위해 공통 접지하듯이 GND는 모든 마스터와 슬레이브가 서로 연결되어야 함에 주의하자. 멀티(n:n) 통신이라 다수 개의 마스터에 다수 개의 슬레이브를 연결할 수 있는데, SPI와 비교하면 SPI의 경우 단일 마스터에 복수 슬레이브의 통신이 가능하며, 단점은 슬레이브가 많아질수록 마스터의 슬레이브 선택(SS) 핀이 슬레이브의 개수만큼 증가해야 된다. I2C의 경우 주소(address)로 접근하기 때문에 여전히 단 2개의 선(Two Wire Interface)만으로 가능하다. 이 주소는 7비트로 식별되며 128개까지 주소를 만들 수 있으므로, 이론상 최대 128개까지 슬레이브를 연결할 수 있다.

[표 3-6] 아두이노의 I2C 통신을 위한 지정 핀 번호

I2C 통신	우노 핀	메가 핀
SDA	아날로그 입력4 (A4)	디지털 핀 20 (D20)
SCL	아날로그 입력5 (A5)	디지털 핀 21 (D21)

주소는 대부분 가변적인지만, 일부 모듈들은 고유의 주소를 가지기도 한다.

간혹 SPI와 I2C를 모두 지원하는 주변 모듈들이 존재하기도 한다.

이때 자신의 아두이노와 어떤 통신으로 연결할 것인가의 기준은, 바로 전송할 데이터의 양이 된다. 고속으로 많은 양의 데이터를 전송해야 된다면, SPI 통신으로 연결되어야 하며, 반대로 저속으로 적은 양의 데이터를 전송할 경우에는 I2C 통신을 사용한다. 대표적인 I2C을 사용하는 모듈로는 Real-Time Clock(RTC)와 뒤에 소개할 LCD 모듈이 있다.

I2C의 경우 SPI처럼 이미 사용자 편의를 위해 Wire라는 라이브러리가 제공된다.

Wire 라이브러리 멤버 함수의 설명은 다음과 같다.

[표 3-7] 아두이노의 I2C 통신I의 멤버 함수(Wire 라이브러리)

함 수	설 명
begin()	wire 라이브러리 초기화, 마스터나 슬레이브로 i2C bus에 참여
requestFrom()	슬레이브나 마스터로 요청
beginTransmission()	data 전송 준비
send()	슬레이브에서 마스터로 데이터 전송 또는 마스터에서 슬레이브로 전송을 위한 큐바이트 전송
endTransmission()	큐에 기록된 데이터 전송
available()	유효한 바이트 수 반환
read()	수신된 데이터를 바이트 단위로 읽어 반환
write()	마스터에서 beginTransmission() 함수가 호출된 후 버퍼에 저장된 데이터를 endTransmission()이 호출되기 전까지 전송 슬레이브에서는 마스터로 데이터 전송
onReceive()	마스터로부터 슬레이브가 데이터를 받았을 때 실행할 함수 등록
onRequest()	슬레이브로 부터 마스터가 데이터를 요청했을때 호출되는 함수 등록

예제 3-12) 두 개의 아두이노(1:1)를 I2C 통신 방식으로 연결하여 마스터의 송신 명령에 따라(1byte) LED의 밝기를 제어한다.

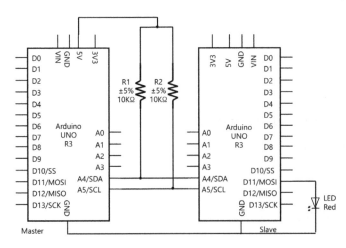

[그림 3-25] 아두이노 간의 I2C 통신 연결

```
// 발신부(마스터)
// Master Arduino PGM, COM 7
#include <Wire.h>        // I2C 라이브러리
int data = 0;
void setup() {
  Wire.begin();          // I2C 통신 시작, 마스터로 통신 시작
}
void loop() {
  Wire.beginTransmission(0); // 0번 슬레이브와 통신 시작
  Wire.write(data);
  Wire.endTransmission(0);   // 0번 슬레이브와 통신 종료
  data++;
  if (data > 255) data = 0;
  delay(50);
}

// 수신부(슬레이브)
```

```
// Slave Arduino PGM, COM 6

#include <Wire.h>
int LED = 11;  // LED 11번에 연결
int x = 0;
void setup() {
  Wire.begin(0);  // 0번을 슬레이브 자신의 주소로 마스터와 통신 시작
  Wire.onReceive(receiveEvent);  // 데이터 수신 시 receiveEvent로 분기
  Serial.begin(9600);
}
void loop() {
  analogWrite(LED, x);  // LED의 밝기 제어
}
void receiveEvent(int bytes) {
  x = Wire.read();
  Serial.print(x);
  Serial.print(',');
  Serial.println(bytes);
}
```

설명) 마스터의 경우 begin()의 멤버 함수에서는 주소를 인자로 가지지 않는다. I2C 통신의 시작(beginTransmission())과 끝(endTransmission())을 알리는 두 함수에는 반드시 슬레이브의 주소가 명시되어야 한다. Serial.write() 함수와 마찬가지로 write() 함수를 사용하여 1바이트의 숫자를 전송할 수 있다.

슬레이브의 begin() 함수에서는 마스터와 통신하기 위해 자신의 주소를 알려줘야

```
117,1
118,1
119,1
120,1
121,1
122,1
123,1
124,1
125,1
126,1
127,1
128,1
```

한다.

onReceive() 함수에 이벤트가 발생하면 실행할 함수(여기서는 receiveEvent())를 등록하면, 마스터에서 슬레이브로 통신을 요청할 때마다 등록된 함수가 실행되며, 이때 int형의 매개변수를 사용하여 수신된 데이터의 길이 정보를 획득할 수 있다.

Wire.read() 함수는 Serial.read()와 마찬가지로 한 바이트의 데이터를 수신할 수 있다.

예제 3-13) 예제 3-12에서 슬레이브를 하나 더 추가한다. (마스터 1개, 슬레이브 2개)

```
// 발신부(마스터)
// Master Arduino PGM, COM 7
#include <Wire.h>      // I2C 라이브러리
int data = 0;
void setup() {
  Wire.begin();         // I2C 통신 시작, 마스터로 통신 시작
}
void loop() {
  Wire.beginTransmission(0); // 0번 슬레이브와 통신 시작
  Wire.write(data);
  Wire.endTransmission(0);   // 0번 슬레이브와 통신 종료
  Wire.beginTransmission(1); // 1번 슬레이브와 통신 시작
  Wire.write(data);
  Wire.endTransmission(1);   // 1번 슬레이브와 통신 종료
  data++;
  if (data > 255) data = 0;
  delay(50);
}
```

```
// 수신부(0 슬레이브의 프로그램은 이전 예제와 동일)

// Slave Arduino PGM, COM 8

#include <Wire.h>
int LED = 11; // LED 11번에 연결
int x = 0;
void setup() {
  Wire.begin(1);  // 1번을 슬레이브 자신의 주소로 마스터와 통신 시작
  Wire.onReceive(receiveEvent2);  // 데이터 수신 시 receiveEvent2로 분기
  Serial.begin(9600);
}
void loop() {
  int y = map(x,0,255,255,0);  // 1번 슬레이브의 LED와 밝기 반전을 위함
  analogWrite(LED, y);  // LED의 밝기 제어
}
void receiveEvent2(int bytes) {
  x = Wire.read();
  Serial.println(x);
}
```

설명) 이전에 연결된 상태에서 두 번째 슬레이브의 추가는 단지 SDA, SCL 라인, 즉 A4, A5와 GND를 마스터의 A4, A5, GND에 연결하면 가능하며, 예제를 위해 추가된 슬레이브 아두이노에 11번 LED를 연결하면 된다. 마스터의 프로그램에서 추가된 세 줄은 추가된 슬레이브(주소 1)와 통신을 시작, 전송, 종료하기 위한 부분이다.

마스터에서 슬레이브 0번, 1번에 동일한 데이터를 전송하고, 슬레이브에서는 LED의 밝기가 서로 반전되어 dimming 된다.

마스터와 여러 개의 슬레이브가 연결된 상태에서 하나라도 전원이 제거되면, 전

체 통신의 장애가 발생할 수 있다는 것을 주의하자. 그리고 서로 연결된 상태에서 프로그램의 수정이 필요하여 프로그램 업로드가 발생하면 마스터와 슬레이브들의 리셋 스위치를 한 번 눌러주길 추천한다.

예제 3-14) 슬레이브들에서도 마스터로 데이터를 전송한다. 마스터에서는 슬레이브들에게 이전 예제처럼, LED 밝기를 제어할 수 있는 데이터를 송신하고, 슬레이브에서는 수신된 데이터로 LED 밝기를 제어한다. 또한, 마스터에서 요청이 있을 때 가변저항값을 송신한다.

* 0번, 1번 슬레이브의 A0에 가변저항들을 연결하여 가변저항값을 마스터로 전송

```
// 발신부(마스터)
// Master Arduino PGM, COM 7
#include <Wire.h>      // I2C 라이브러리
int data = 0;
void setup() {
  Wire.begin();        // I2C 통신 시작, 마스터로 통신 시작
  Serial.begin(9600);
}
void loop() {
  // 마스터 → 슬레이브 1,2 (송신)
  Wire.beginTransmission(0); // 0번 슬레이브와 통신 시작
  Wire.write(data);
  Wire.endTransmission(0);   // 0번 슬레이브와 통신 종료
  Wire.beginTransmission(1); // 1번 슬레이브와 통신 시작
  Wire.write(data);
  Wire.endTransmission(1);   // 1번 슬레이브와 통신 종료
  data++;
  if (data > 150) data = 0;
  delay(200);
```

```
// 슬레이브 1,2 → 마스터 (수신)
Wire.requestFrom(0, 1); // 0번 주소 슬레이브에 요청, 바이트 수
byte d1 = Wire.read();
delay(1);
Wire.requestFrom(1, 1); // 1번 주소 슬레이브에 요청, 바이트 수
byte d2 = Wire.read();
delay(1);
Serial.print("Data from 1st slave : ");
Serial.println(d1); // 0번 주소 슬레이브로부터 수신된 데이터 출력
Serial.print("Data from 2nd slave : ");
Serial.println(d2); // 1번 주소 슬레이브로부터 수신된 데이터 출력
}


// 수신부(0번 슬레이브)
// 1st Slave Arduino PGM, COM 6
#include <Wire.h>
int LED = 11;
int x;
void setup() {
  Wire.begin(0); // 0 번을 슬레이브 자신의 주소로 마스터와 통신 시작
  Wire.onReceive(receiveEvent1);  // 데이터 수신 시 receiveEvent1로 분기
  Wire.onRequest(sendEvent1);  // 마스터에서 데이터 요청 시 sendEvent1로 분기
  Serial.begin(9600);
}
void loop() {
  analogWrite(LED, x);  // LED의 밝기 제어
}
void receiveEvent1(int bytes) {
  x = Wire.read(); // 마스터로부터 데이터 수신
}
void sendEvent1() {
```

```
  int c = analogRead(A0);
  c = map(c,0,1023,0,255);
  Wire.write(c);
}


// 수신부(1번 슬레이브)
// 2nd Slave Arduino PGM, COM 8
#include <Wire.h>
int LED = 11; // LED 11번에 연결
int x;
void setup() {
  Wire.begin(1);  // 1번을 슬레이브 자신의 주소로 마스터와 통신 시작
  Wire.onReceive(receiveEvent2);  // 데이터 수신시 receiveEvent2로 분기
  Wire.onRequest(sendEvent2);  // 마스터에서 데이터 요청시 sendEvent1로 분기
  Serial.begin(9600);
}
void loop() {
  int y = map(x,0,150,255,0); // 1번 슬레이브의 LED와 밝기 반전을 위함
  analogWrite(LED, y);  // LED의 밝기 제어
}
void receiveEvent2(int bytes) {
  x = Wire.read(); // 마스터로부터 데이터 수신
}
void sendEvent2() {
  int c = analogRead(A0);
  c = map(c,0,1023,0,255);
  Wire.write(c);
}
```

설명) 마스터에서는 0번 주소의 슬레이브와 1번 주소의 슬레이브에게 0~150 사이의 데이터를 200ms 간격으로 전송한다. 그리고 각 슬레이브로부터 차례로 수신된 한 바이트의 데이터들을 화면에 출력한다.

각 슬레이브들은 데이터 수신 시 receiveEvent() 함수로 분기하여 마스터로 수신된 데이터를 이용하여 LED의 밝기를 제어하고, 또한 마스터로부터 요청이 있을 때는 sendEvent() 함수를 이용하여 가변저항의 아날로그 입력값을 마스터로 각각 송신한다.

참고로, 2바이트의 데이터를 수신해야 하는 경우에는 마스터 프로그램에서 다음과 같이 쉬프트 연산을 이용하여 16비트의 데이터로 변경해야 한다.

```
Wire.requestFrom(Address, 2);
byte x1 = Wire.read();  // FIFO 버퍼로 부터 첫 번째 바이트 수신
byte x2 = (x1 <<8)| wire.read();  // 16bit data format
```

CHAPTER **4**

인터럽트(Interrupt)

CHAPTER
04

Arduino Control
인터럽트(Interrupt)

어떠한 종류의 마이크로컨트롤러를 사용하더라도 가장 중요하지만, 또 다루기 어려운 부분이 바로 이 인터럽트 부분이다. 인터럽트란 사전적 의미로 '방해하다. 중단시키다'라는 뜻을 가지고 있다. 그럼 마이크로컨트롤러(여기서는 아두이노)에서의 인터럽트란 무엇을 의미할까? 이미 우리가 살펴본 것처럼 프로그램은 항상 위에서부터 밑으로 순차적으로 실행한다. 만약 이것이 보장되지 않는다면 프로그램 자체가 의미 없을 수 있으며 항상 기대하던 일이 일어나지 못한다. 하지만 현재 진행 중인 일보다도 더 급하게 처리되어야 하는 일이 있을 수 있다. 인터럽트는 순차적으로 진행되는 시퀀스에 갑자기 끼어들어 급하고 중요한 일을 먼저 처리(인터럽트 서비스 루틴, ISR)하고 처리가 끝나면 돌아와서 하던 일을 마저 처리한다.

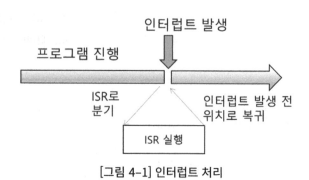

[그림 4-1] 인터럽트 처리

아두이노 우노의 마이크로콘트롤러는 ATmega328을 사용하고 있는데, 이 마이컴은 26개의 인터럽트를 사용할 수 있다. Reset부터 시작하여 SPM_Ready_vect(Store Program Memory Ready)까지 각각의 인터럽트는 우선순위가 존재하며, 외부 인터럽트의 경우는 Reset을 제외하고는 가장 순위가 높다. 참고로 메가의

ATmega2560은 56개의 인터럽트를 사용할 수 있다.

이 책에서는 외부 인터럽트와 타이머 인터럽트에 대해 다루도록 한다.

4.1 외부 인터럽트

금속을 가공하는 기계가 있다고 가정해 보자. 이 기계는 정해진 순서대로 순차적으로 동작할 것이다. 하지만, 안전사고 발생을 대비하여 비상 정지 버튼을 추가한다고 할 때, 이 비상 정지 버튼은 어떠한 동작 중에라도 이 기계를 멈출 수 있어야 한다. 이런 비상 정지 버튼은 아두이노에서 외부 인터럽트를 이용해야 된다.

외부 인터럽트는 핀에 인가되는 전압의 변화에 의해 발생하는 인터럽트이다. 안타깝게도 모든 핀이 외부 인터럽트가 가능한 것은 아니다.

[표 4-1] 외부 인터럽트 가능한 핀

종 류	INT0	INT1	INT2	INT3	INT4	INT5
우노	2	3				
메가2560	2	3	21	20	19	18

위의 표처럼 우노의 경우는 2번, 3번 핀이 각각 외부 인터럽트 INT0, INT1을 발생시킬 수 있다. 이 2번과 3번 핀에 인가된 전압이 변화되는 순간 인터럽트가 발생하게 된다. 외부 인터럽트를 이용하면 버튼 또는 스위치, 뒤에서 우리가 다루게 될 엔코더 등의 입력을 놓치지 않고 받을 수 있다.

외부 인터럽트는 attachInterrupt() 함수를 이용한다.

attachInterrupt(Pin, ISR, mode);

Pin은 인터럽트를 사용할 2번 또는 3번이며, ISR은 인터럽트가 발생했을 때 분기할 인터럽트 서비스 루틴(함수)이며, mode는 아래와 같이 4가지가 있지만, 흔히

RISING을 많이 사용한다.

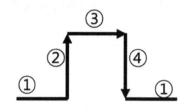

[그림 4-2] 외부 인터럽트 발생 시점

(1) LOW: 핀이 Low 상태일 때마다 발생 ①

(2) CHANGE: 핀이 Low에서 High로, 또는 High에서 Low로 변경될 때 발생 ②, ④

(3) RISING: 핀이 Low에서 High로 변경될 때 발생(상승 에지) ②

(4) FALLING: 핀이 High에서 Low로 변경될 때 발생(하강 에지) ④

그리고 인터럽트 사용 시에 특히 주의할 점이 있다.

ISR 안에서는 millis()를 사용한다거나 delay() 함수를 사용할 순 없다. 꼭 delay가 필요하다면 delayMicroseconds() 함수를 사용하길 바란다. delayMicrosencods() 함수는 카운트(또 다른 인터럽트)를 사용하지 않기 때문에 ISR에서 사용할 수 있다.

예제 4-1) 2번 핀에 버튼을 연결하고, 내부 풀업저항을 이용하여, 버튼이 눌려질 때마다 LED가 On/Off 변경되도록 한다.

```
const byte ledPin = 13;
volatile boolean state = false;
void setup() {
    pinMode(ledPin, OUTPUT);
    pinMode(2, INPUT_PULLUP); // 2번핀 내부 풀업 저항 사용
    attachInterrupt(0, blink, RISING);
    // INT0(pin2)에서 상승 edge 발생 시 blink 분기
}
```

```
void loop() {
    digitalWrite(ledPin, state);
}
void blink() {
    state = !state; // state 반전
}
```

설명) attatchInterrupt() 함수에서 0은 실제 0번 핀을 의미하는 것이 아니라, INT0
를 의미한다. 즉 2번 핀에 연결된 버튼이 눌려진 후 해제될 때 RISING 시점에서
ISR 함수인 blink로 분기하게 된다.
이 프로그램에서 우리가 이전에 본 적 없는 const 와 volatile이 등장한다.

4.1.1. const 와 volatile 그리고 static

const 키워드를 사용하여 변수 선언을 하게 되면 프로그램 중간에 변수의 값이
변경되는 것을 막아준다. 예를 들어,

const int money = 100;

의 경우 money는 상수 100으로 지정되어 더 이상 변경될 수 없다.
const byte ledPin = 13; 은 ledPin이 13으로 고정됨을 의미한다.

#define ledPin 13과 const byte ledPin=13;은 동일한 의미를 지닌다.

volatile 키워드를 사용하여 변수를 사용하게 되면 이 변수는 다른 어딘가에서 변
경될 수 있음을 알려주어 컴파일러가 원활한 수행을 위해 임의적으로 최적화하는
현상을 막아준다. 특히 인터럽트의 ISR 내부에서 그 값이 변경되는 변수는 volatile
을 사용한 전역변수로 선언해야 됨에 주의하자.

volatile boolean state = false;는 boolean 타입(True / false만 가짐)의 state 변수
가 인터럽트 서비스 루틴(ISR) 안에서 사용되므로, 컴파일러에게 미리 알려주어 변
경된 값을 놓치지 않고 loop() 함수 등에서 사용될 수 있도록 해준다.

static을 이용하여 변수를 선언하게 되면, 이 변수는 정적 수명을 가진다. 다음의
예를 살펴보자.

```
void setup() {
  Serial.begin(9600);
}
void loop() {
  int count=0;
  count++;
  Serial.println(count);
  delay(100);
}
```

```
void setup() {
  Serial.begin(9600);
}
void loop() {
  static int count=0;
  count++;
  Serial.println(count);
  delay(100);
}
```

두 프로그램의 유일한 차이는 count 변수의 static 사용 유무이다. 하지만 결과는
아래와 같이 달라진다.

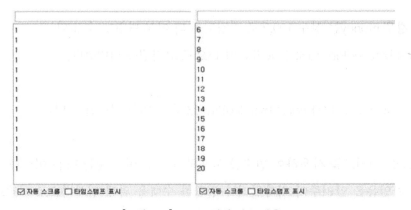

[그림 4-3] Static 정적 변수 사용

즉 static을 이용한 변수는 초기화되지 않고, 값을 유지할 수 있다.

예제 4-2) 3-2 예제를 static을 이용하여 프로그래밍을 변경한다.

```
// 시리얼 모니터의 옵션을 새 줄(New line)로 설정한 후 실행
void setup() {
  Serial.begin(9600);
}
void loop() {
  int data=0;
  static int data_buf=0;
  if (Serial.available()) {
    data = Serial.read();
    if( isDigit(data)) {
      data_buf = data_buf * 10 + (data - '0');
    }
    else if (data == '\n')  { // 줄 바꿈이 일어나면
      Serial.println(data_buf);
      data_buf=0;
    }
  }
}
```

설명) 예제 3-2에서는 data_buf 변수를 전역변수로 지정하였다. static을 사용하지 않고 loop()에서 data_buf=0으로 선언하면, loop()에서 반복 순환할 때 data_buf는 다시 0으로 초기화되어 값을 잃게 된다. 따라서 이런 경우에는 반드시 초기화를 방지하기 위한 변수 앞에 static을 붙여 줘야 한다.

예제 4-3) 13번에 연결된 LED가 1초 간격으로 On/Off 되는 상황에서, 외부 인터럽트를 이용하여 버튼이 눌려지면 "Motor Stop"을 화면에 출력한다.

```
const byte ledPin = 13;
void setup() {
  Serial.begin(9600);
  pinMode(ledPin, OUTPUT);
  pinMode(2, INPUT_PULLUP);  // 내부 풀업저항 사용
  attachInterrupt(0, emergency, CHANGE);
}
void loop() {
  digitalWrite(13, 1);  // 1초 간격으로 LED On / Off
  delay(1000);
  digitalWrite(13, 0);
  delay(1000);
}
void emergency() {
  Serial.println("Motor Stop"); // 버튼이 눌려지면 출력
}
```

설명) 이 프로그램은 1초 간격으로 LED가 On/Off 되지만, 버튼이 눌려지면 "Motor Stop"이라고 출력된다. 비록 채터링 때문에 여러 번 출력되지만, 중요한 것은 loop() 속에서 반복 실행되는 상황에서도 버튼이 눌리면 즉시 우리가 원하는 작업을 수행할 수 있다는 것이다.

4.2 타이머 인터럽트

ATmega328에서는 8비트 타이머/카운터 2개(T/C0, T/C2)와 16비트 타이머/카운터를 1개(T/C1)가지고 있다. 우리가 타이머 인터럽트로 사용할 millis() 함수는 타이머 모듈 0와 관련된 함수이다. 8비트 타이머란 말은 내부 클럭 속도(16MHz)를 256번 카운트하는 시간, 즉 256/16Mhz = 0.016ms를 기준으로 시간을 측정한다. 참고로 ATmeg2560의 경우 6개의 타이머/카운터가 있는데 T/C0~T/C2까지는 ATmega328과 동일하며, T/C3~T/C5까지는 16비트 타이머이다. 16비트 타이머는

1Khz, 즉 초당 약 1000씩 증가하는 속도로 아두이노 내부 저장 공간인 램(RAM)에 있는 카운터 변숫값을 증가시키게 된다. 이 절에서는 delay() 대신 millis()를 사용하는 방법을 알아보고, T/C1의 16비트 타이머 인터럽트를 구현해 보도록 한다.

4.2.1 millis() & micros() 함수

millis() 함수는 밀리세컨드의 약자로 아두이노가 현재 프로그램을 실행한 이후 얼마나 시간이 지났는지를 밀리세컨드(ms) 단위로 반환해 준다. 일반적으로 큰 값이 저장되므로 unsigned long 타입의 변수에 대입을 하며, 프로그램을 실행한지 50일 정도 이후에 OverFlow가 발생하여 초기화된다.

micros() 함수는 마이크로센커드의 약자로 millis()와 동일하게 프로그램 시작 이후의 시간을 마이크로센커드(us) 단위로 반환해 주며, 70분 후에 OverFlow 발생된다.

```
unsigned long time1;
unsigned int sec;
unsigned int mills;
void setup() {
  Serial.begin(9600);
}
void loop() {
  Serial.print("Time: ");
  time1 = millis(); // 프로그램 시작 이후의 시간을 time에 대입
  mills = time1 % 1000; // seconds 이하
  sec =time1 / 1000; // seconds
  Serial.print(sec); // 프로그램 시작 후 지난 시간 출력
  Serial.print('.');
  Serial.print(mills);
  Serial.println("SEC");
  delay(1000);          // 1초마다의 출력을 위해
}
```

설명) time1 = millis();를 통해 프로
그램 실행 이후의 시간이 time1 변
수에 대입된다. time1의 자료형은
unsigend long 임에 주의하자. x.xxx
SEC로 디스플레이하기 위해, time1
을 1000으로 나누어 소수점 이상의
초로 표현하고, time1%1000을 통해
소수점 이하를 표현하였다.

```
COM16 (Arduino/Genuino Uno)

Time: 0.0SEC
Time: 0.999SEC
Time: 1.999SEC
Time: 3.0SEC
Time: 4.0SEC
Time: 5.1SEC
Time: 6.1SEC
Time: 7.1SEC
```

예제 4-4) 1초마다 LED를 On/Off 하는 Blink 예제를 실행한다. 단, Blink 예제와
는 다르게 화면에 계속하여 "Hello"를 출력하자.

```cpp
unsigned long T_Curr; // 현재 시간값 저장
unsigned long T_Prev; // 과거 시간값 저장
const int interval=1000; // 1초
boolean data=true;
 void setup() {
  Serial.begin(9600);
  pinMode(13,OUTPUT);
  T_Prev = millis();
 }
void loop() {
  T_Curr = millis(); // 현재 동작 시간 Update
  if((T_Curr - T_Prev)>=interval)   { // 1초가 지났는지 확인
    T_Prev = T_Curr; // 과거 시간을 현재 시간으로 Update
    data =!data;
    digitalWrite(13,data);
  }
  Serial.println("hello");
 }
```

설명) T_Curr 변수는 loop() 진입 시마다 새로운 시간으로 업데이트되고, T_Curr 변수와 T_Prev 변수와의 차이가 사용자가 지정한 시간(interval)에 도달하면, 13번의 LED 상태를 data 변수에 맞도록 변경하고, T_Prev 변수를 업데이트한다. boolean 자료형의 data 변수는 !(not) 연산자를 통해 이전에 저장된 정보(True / False)가 반전되어 저장된다. LED를 1초마다 On/Off 함과 동시에 계속해서 우리가 원하는 작업(여기서는 hello 출력)을 할수 있다.

위의 프로그램은 아래와 같이 변경할 수 있다.

```
unsigned long T_Curr; // 현재 시간값 저장
const int interval=1000; // 1초
boolean data=true;
 void setup() {
  Serial.begin(9600);
  pinMode(13,OUTPUT);
  T_Curr = millis();
 }
void loop() {
  if(millis() >= T_Curr)   {
    T_Curr += interval; // 과거 시간을 현재 시간으로 갱신
    data =!data;
    digitalWrite(13,data);
  }
 Serial.println("hello");
}
```

T_Prev 변수를 생략하고, T_Curr값을 목표로 하는 시간값으로 누적하여(1000씩 증가) millis()와의 비교를 통해 LED를 On/Off 할 수 있다.

4.2.2 Timer1을 이용한 인터럽트

Timer1 인터럽트는 16비트 하드웨어 타이머이다. Timer0와 마찬가지로 초당 1000 번 인터럽트를 발생시킬 수도 있지만, 주기를 직접 조절할 수 있는 장점이 있다.

Timer1 인터럽트를 구현하기 위해서는 Timer1의 라이브러리를 먼저 설치해야 한다. https://playground.arduino.cc/Code/Timer1/ 을 통해 다운로드 가능하다.

TimerOne-v1.zip부터 시작하여 최신 버전은 2013년 10월에 배포된 TimerOne-R11.zip까지 6개의 종류가 있으며, r11 버전을 다운받아 라이브러리에 포함시키자. 참고로, 스케치 → 라이브러리 포함하기 → .zip 라이브러리로 추가...에서 다운받은 zip 파일을 라이브러리로 추가할 수 있다.

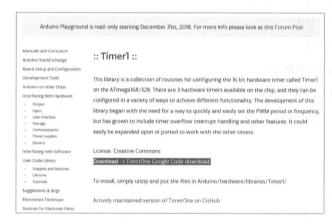

[그림 4-4] 아두이노 공식 홈페이지에 설명된 TimerOne 라이브러리

설치가 완료되면 예제에 TimerOne-11이 추가 생성된 것을 확인할 수 있다.

예제 4-5) 타이머의 기본 예제 ISRBlink를 우선 살펴보자.

```
#include <TimerOne.h>
void setup()  {
  pinMode(13, OUTPUT);
  Timer1.initialize(100000); // set a timer of length 100000 microseconds
(or 0.1 sec - or 10Hz =) the led will blink 5 times, 5 cycles of on-and-
off, per second)
```

```
  Timer1.attachInterrupt( timerIsr ); // attach the service routine here
}


void loop(){
}
void timerIsr() {
    digitalWrite( 13, digitalRead( 13 ) ^ 1 ); // LED On/Off
}
```

설명) Timer1.initialize() 함수를 이용하여 인터럽트 발생 주기 조절이 가능하다. 단위는 마이크로세컨드(us)이므로, 100,000us는 100ms, 즉 0.1초로 인터럽트가 발생하도록 설정되어 있다. 1us에서부터 최대 8,388,480us(약 8.4초)까지 설정할 수 있으며, 그 이상 설정해도 8.4초로 제한된다. Timer1.attachInterrupt() 함수를 이용하여 인터럽트 발생 시 실행할 함수를 설정할 수 있다. 이 예제에서는 timerIsr() 함수가 0.1초마다 호출되어 13번에 연결된 LED를 On/Off 된다.

또한, 타이머1을 이용하면 PWM 주기와 주파수를 변경할 수 있다. Servo 모터 제어를 위한 라이브러리가 바로 이 타이머1을 이용한다. 사실 3,5,6,9,10,11번 핀을 anaolgWrite() 함수를 이용하여 무심코 사용했던 PWM 기능을 자세히 들여다보면 꽤나 복잡하다.

5번과 6번 핀의 PWM은 타이머0에 의해 제어되며, 주파수는 980Hz이고, 9번과 10번은 타이머 1에 의해, 3번과 11번은 타이머 2에 의해 제어되며, PWM 주파수는 모두 490Hz 이다.

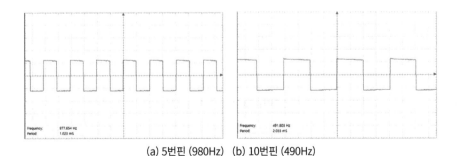

(a) 5번핀 (980Hz)   (b) 10번핀 (490Hz)

[그림 4-5] analogWrite(pin, 127)에서의 주파수

예제 4-6) 9번, 10번 핀에 각각 주파수 1Khz, 듀티비를 50%, 25%인 PWM 출력을 내보자.

```
#include <TimerOne.h>
void setup() {
  pinMode(9, OUTPUT);
  pinMode(10, OUTPUT);
  Timer1.initialize(1000); // 1000us = 1Khz
}
void loop(){
  Timer1.pwm(9, 512); // 50% duty ratio
  Timer1.pwm(10, 256); // 25% duty ratio
}
```

설명) Timer1.initialize(1000);을 통해 1000us, 1Khz로 인터럽트 설정을 하고, Timer1.pwm(9, 512); 통해 9번 핀에 듀티비 50%로 PWM 출력을 낼 수 있다. analogWrite()의 경우는 최대 0~255까지 8비트 해상도를 가지지만, Timer1. pwm()을 통해서는 0~1023까지 10비트 해상도로 제어할 수 있으므로 보다 정교하게 제어 가능하다.

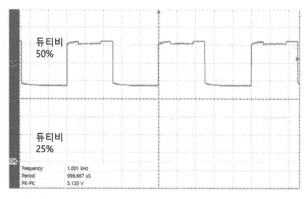

[그림 4-6] PWM 1Khz에서의 duty ratio 50%와 25%

CHAPTER **5**

3D 프린터 개발 산업기사 실기 대비

CHAPTER 05

Arduino Control

3D 프린터 개발
산업기사 실기 대비 👆

아두이노가 대중화되면서 중·고·대학생들의 교과목에 또는 동아리 활동에, 또는 키덜트들의 취미 활동을 위해 많은 사람들이 아두이노를 배우고 또 활용하여 다양한 프로젝트 작품들을 만들고 있다. 2018년까지는 아두이노를 이용하여 취득할 수 있는 자격증이 소수의 민간자격증뿐이었지만, 2019년에는 산업인력공단 주관의 3D 프린터 개발 산업기사를 시작으로 여러 자격증이 생겨나고 있다.

3D 프린터 개발 산업기사는 3차원 형상 제작을 위해 필요한 제어회로, 기계장치, 제어 프로그램 등을 사용해서 설계 및 제품을 개발하고 3D 프린터를 제작할 수 있는 기술 인력 양성을 목표로 생겨난 자격증이다. 아두이노로 실기 시험을 치를 수 있어서 대학생들 사이에서도 인기가 높아지고 있다. 참고로, 필기는 4과목(3D 프린터 회로 및 기구, 3D 프린터 장치, 3D 프린터 프로그램, 3D 프린터 교정 및 유지 보수)으로 사지택일형이다. 기존의 3D 프린터 운용기능사는 주로 모델링 실력과 3D 프린터 출력 능력을 검증한 것에 비해 3D 프린터 개발 산업기사는 아두이노 활용 능력, 프로그래밍 능력, 그리고 3D 프린터 개발에 필요한 모듈 및 부품(LCD, 로터리 엔코더, 3색 LED, 부저, 4X4 매트릭스 키패드, 스텝모터와 스텝모터 드라이버, 온도 센서, 근접 센서 등)의 이해와 응용 능력을 검증한다. 이 장에서는 개별적인 부품들 하나하나의 사용법과 특징에 대해 살펴보도록 하자.

5-1. 3D 프린터에 포함된 중요 부품들

아두이노로 상용화되어 있는 많은 제품들 중에 가장 일반적이고 대중적인 제품은 3D 프린터일 것이다. DIY의 열풍이 개인도 3D 프린터를 저렴한 가격으로 구매하여 본인의 입맛에 맞는 3D 프린터를 제작할 수 있고, 또 고장이 난 부품들도 교체할 수 있는 시대가 되었다. 이번 장에서는 3D 프린터 개발 산업기사 준비를 위해 반드시 알아야 될 몇 가지 중요 부품을 알아보자.

5.1.1 로터리 엔코더

로터리 엔코더는 모터의 회전 각도, 회전 속도, 회전각 속도 등을 측정할 때 사용되는 센서로 일정한 각도의 회전마다 전기 펄스가 발생하므로, 펄스 수의 검출을 통해 회전 각도를 계측하는 센서이다. 3D 프린터에서도 사용되고 있으며, 외관 생김새는 가변저항과 거의 흡사하다. 3D 프린터에서의 로터리 엔코더는 LCD와 함께 사용되는제, LCD에 출력되는 메뉴를 변경하고, 선택하는 데 사용된다.

시중에 흔히 볼 수 있는 로터리 엔코더는 대부분 5핀이며, 간혹 3핀으로만 구성된 엔코더도 있다. 5핀의 경우 GND, 5V, SW(스위치), DT, CLK 순으로 이루어져 있으며, DT와 CLK 대신에 Encoder A, Encoder B, 또는 OUT A, OUT B 등으로 표기되어 있기도 하다.

GND + SW DT CLK

[그림 5-1] 로터리 엔코더 모듈

로터리 엔코더는 DT, CLK 두 신호가 knob(손잡이)의 회전에 의해 HIGH와 LOW로 교차하며 전환될 때를 인지하여, 회전 수 또는 회전 각도를 계산하는 방법이다.

엔코더 단품을 가지고 있다면 풀업저항을 연결해야 하며, 위의 사진처럼 모듈형이라면 10KΩ 저항이 이미 내장되어 있다. 참고로 3D프린터 개발 산업기사 실기 시험 시에 제공되는 로터리 엔코더는 모듈형이다.

프로그램 작성 시 중요 포인트는 digitalRead()를 통해 현재 획득한 값과 이전에 획득된 값의 비교를 통해 각도의 변경이 있었는지를 검출하는 것이다.

엔코더의 knob을 회전시키면, DT, CLK의 펄스가 아래의 파형처럼 교차하며 변경된다. 엔코더의 모든 펄스를 외부 인터럽트를 이용하여 놓치지 않고 인식 할 수도 있고, GPIO를 이용하여 인식할 수도 있다. 이 책에서는 두 가지 방법 모두 소개하도록 한다. 엔코더의 DT, CLKI펄스로 회전 방향과 회전 각도를 인식 하기 위해, DT의 상승 에지(Rising Edge Detection)에서 CLK와 DT가 반대 신호이면 +1(CW)로 증가시키고, 동일 신호이면 -1(CCW)로 값을 감소시킨다.

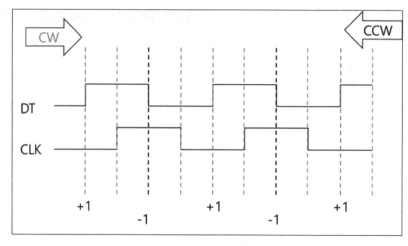

DT	0	1	1	0	0	1	1	0	0	1
CLK	0	0	1	1	0	0	1	1	0	0

[그림 5-2] 엔코더 파형

예제 5-1) 로터리 엔코더의 CLK, DT 신호를 아두이노 7, 8번의 입력으로 받아서 엔코더의 각도를 검출하여 화면에 출력하자. 각도가 증가 시에는 "UP", 감소 시에는 "DOWN"을 같이 출력하도록 한다.

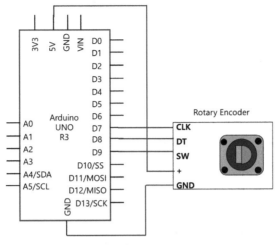

[그림 5-3] 예제 5.1 회로도

```
const int clk=7, dt=8;
int pos, old_dtv;
String state=" ";
void setup() {
   pinMode(dt, INPUT);
   pinMode(clk, INPUT);
   Serial.begin(9600);
}
void loop() {
   int dtv = digitalRead(dt);
   int clkv = digitalRead(clk);
   if((old_dtv==LOW)&&(dtv==1)){  // DT의 상승에지 검출
     if(clkv != dtv)  { // CW(시계방향이면)
       pos++;     // pos 증가
       state = "UP";
     }
     else  {  // CCW(반시계방향이면), 즉 clkv == dtv == HIGH 상태
       pos--; // pos 감소
       state = "DOWN";
```

```
        }
    delay(300); // 노이즈 감소용
    Serial.print(pos);
    Serial.print(',');
    Serial.println(state);
    }
  old_dtv = dtv;
}
```

설명) if((old_dtv==LOW)&&(dtv==1)) 문장이 이 프로그램의 핵심 알고리즘이라 말할 수 있다. dt의 현재 펄스 상태가 1(High)이고 이전의 dt 펄스와 틀리면 상승 에지(Rising Edge) 상태에 있다고 판단할 수 있다. 이때 clk의 값과 dt의 값이 반대 신호이면 CW(clock wise)로 판단하여 pos 변숫값을 +로 누적하고, 만약 동일하면 CCW(counter clock wise)로 판단하여 pos 변수를 −로 감소시키면 된다. 물론 엔코더 특성상 noise가 조금씩 포함되겠지

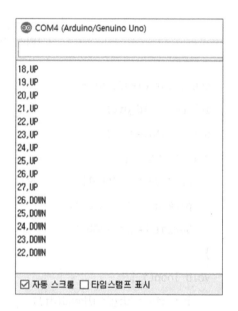

만, delay()의 조절로 noise가 큰 문제가 되진 않는다.

보다 나은 엔코더의 성능을 얻기 위해서는 CLK, DT 핀을 외부 인터럽트가 가능한 핀에 연결해야 한다. 우노 또는 메가의 경우는 공통으로 2번과 3번이 외부 인터럽트 기능을 가지고 있고, 메가의 경우는 18, 19, 20, 21번 핀이 추가적으로 외부 인터럽트가 가능하다(4-1절 외부 인터럽트 참조). 소프트웨어 시리얼 또는 다른 이유로 2번 또는 3번이 사용 중이면, 둘 중에 하나만 사용해도 되며 여의치 않으면 다른 핀들을 사용해도 되지만, 정확도는 다소 떨어질 수 있다. 그리고 LED가 연결되어 있는 핀들, 예를 들어 0(RX), 1(TX), 13번은 사용하지 않는 것이 좋다.

예제 5-2) 외부 인터럽트 핀을 이용하여 예제 5-1을 변경하자.

```
// 방법 1
const int dt = 2, clk = 3, sw  = 4;
String state="";
volatile int pos; // 인터럽트 서비스 루틴에서 변경될 변수는 volatile로 지정

void setup() {
  Serial.begin (9600);
  pinMode(dt, INPUT_PULLUP);
  pinMode(clk, INPUT_PULLUP);
  pinMode(sw, INPUT_PULLUP);
  attachInterrupt(0, SEI_A, RISING); // 2번 DT 신호 상승 에지에서 인터럽트
  attachInterrupt(1, SEI_B, RISING); // 3번 CLK 신호 상승 에지에서 인터럽트
}

void loop(){
  static int old_pos;    // old_pos 초기화 방지
    if(pos != old_pos) { // 값이 변경될 때마다 출력
      Serial.print(pos);
      Serial.print(',');
      Serial.println(state);
      old_pos = pos;
    }
}
void SEI_A() {
  // dtv가 HIGH에서 Interrupt 발생
  int clkv = digitalRead(clk);
  if(clkv == LOW) { // 시계방향이면
    pos++;
    state = "UP";
```

```
  }
  else {  // 반시계방향이면
    pos--;
    state = "DOWN";
  }
}


void SEI_B() {
  // clkv가 HIGH 상태에서 interrupt 발생
  int dtv = digitalRead(dt);
  if(dtv == HIGH) {
    pos++;
    state = "UP";
  }
  else {
    pos--;
    state = "DOWN";
  }
}
```

설명) 2번, 3번은 외부 인터럽트 발생 시 감지가 가능한 핀으로, 엔코더의 dt, clk 신호의 입력으로 사용한다. RISING 신호 시 SEI_A()와 SEI_B() 인터럽트 서비스 루틴으로 분기하여 pos 각도를 증감한다. 하지만 결과는 만족할만한 수준이 아니다. dt, clk 상승 에지 신호마다 pos가 증감되지만, knob을 회전 시킬 때마다 발생하는 진동과 로터리 엔코더 모듈의 기계적 특성 때문에 많은 노이즈가 발생된다.

그럼 인터럽트를 사용하면서 노이즈에 강인한 방법은 없을까?

아래의 방법은 약 10년 전에 고안된 방법으로 로터리 엔코더 이용 시 흔히 사용되는 알고리즘이다.

로터리 엔코더는 2-bit 그레이 코드 패턴을 따른다. 위의 그림 5-2의 표에서 알

수 있듯이, 시계방향으로 또는 반시계방향으로 회전하더라도, dt와 clk의 조합은 00, 01, 10, 11의 4가지가 전부이다.

시계방향의 DT와 CLK의 조합은 00, 10, 11, 01의 4가지 패턴이 반복되어 발생된다. 이 4가지 패턴을 4bit로 결합(과거 2bit + 현재 2bit)하면 0010, 1011, 1101, 0100이 되어, 만약 시계방향으로 회전한다면 반드시 이 4가지 조합 중 하나가 된다.

마찬가지로 반시계방향의 dt와 clk의 조합은 00, 01, 11, 10의 4가지 패턴이 반복되며, 4bit로 결합하면 0001, 0111, 1110, 1000이 되며, 반시계방향으로 회전시 이 4가지 조합 중의 하나가 된다. 2bit 조합으로는 정, 역회전 시의 패턴이 겹치는 경우가 발생하지만, 4bit로 조합하면 서로 겹치는 것 없이 고유한 패턴이 있음을 발견할수 있다.

그래서 우리는 다음과 같이 프로그래밍하면 된다.

if((sum == 0b0010) || (sum == 0b1011) || (sum = 0b1101) || (sum = 0b0100))
pos++; // 시계방향
if((sum == 0b0001) || (sum == 0b0111) || (sum = 0b1110) || (sum = 0b1000))
pos--; // 반시계방향

```
// 방법 2.
const int dt = 2, clk = 3, sw = 4;
String state="";
volatile int pos, old_ang; // 인터럽트 서비스 루틴에서 변경될 변수는
                                     volatile로 지정

void setup() {
  Serial.begin (9600);
  pinMode(dt, INPUT_PULLUP);
  pinMode(clk, INPUT_PULLUP);
  pinMode(sw, INPUT_PULLUP);
```

```
    attachInterrupt(0, SEI, CHANGE); // 2번 DT가 상승/하강에 인터럽트 발생
    attachInterrupt(1, SEI, CHANGE); // 2번 CLK가 상승/하강에 인터럽트 발생
}

void loop(){
    static int old_pos;  // loop 반복 중에 old_pos 초기화 방지
    if(pos != old_pos) { // 값의 변동 유무 판단
        Serial.print(pos);
        Serial.print(',');
        Serial.println(state);
        old_pos = pos;
    }
}
void SEI() {
    int dtv = digitalRead(dt);
    int clkv = digitalRead(clk);
    int ang = (dtv << 1) | clkv; // dt+clk의 조합을 하나로 결합
    int sum = (old_ang << 2) | ang;


    if(sum == 0b0001 || sum == 0b0111 || sum == 0b1110 || sum == 0b1000) {
        pos--;
        state = "DOWN";
    }
    if(sum == 0b0010 || sum == 0b1011 || sum == 0b1101 || sum == 0b0100) {
        pos++;
        state = "UP";
    }
    old_ang = ang;
}
```

설명) 방법 1에서는 DT와 CLK가 RISING(상승) 에지에서 인터럽트가 발생했는데, 방법 2에서는 CHANGE로 설정하여 상승 또는 하강 에지 모두에서 SEI() 인터럽트 서비스 루틴 함수가 호출된다. DT와 CLK를 하나의 변수 ang에 삽입하기 위해 (dtv 〈〈 1) | clkv를 사용하였다. "〈〈 1" 란 표현은 왼쪽으로 1bit 이동이란 의미로 사실상 값으로는 2배가 증가된다. "〈〈 1"과 "|"의 조합을 통해 만약 dtv가 1이었고, clkv가 0이었다면, 최초의 ang는 0b0010이 된다. 이전의 ang 값과 현재의 ang 값을 다시 결합하여 우리가 구하고자 하는 sum 변수에 저장한다. 이 sum 변수가 CW(시계방향)의 조건들 중에 하나면 각도 변수 pos를 증가시키고, CCW(반시계방향)의 조건들 중 하나면 pos를 감소시킨다. 프로그래밍 결과를 확인하면 방법 1에 비해 정확하게 증감되는 것을 확인할 수 있다.

예제 5-3) 예제 5-2에 로터리 엔코더 모듈의 스위치를 눌렀을 때 값이 초기화되도록 추가해 본다.

```
// setup() 함수와 SEI() 함수는 동일

void loop(){
  static int old_pos;  // old_pos 초기화 방지
    if(pos != old_pos) { // 값이 변경될 때마다 출력
      Serial.print(pos);
      Serial.print(',');
      Serial.println(state);
      old_pos = pos;
  }
  int button = digitalRead(sw);
  if(button == LOW) {  // 풀업 연결되어 있으므로 눌려지면 LOW
   pos = 0;     // 각도 초기화
   delay(300); // 채터링 방지를 위한 delay 삽입
   Serial.println("Angle Reset");
  }
}
```

설명) loop() 함수는 크게 두 부분으로 나누어진다. 첫 번째는 SEI() 인터럽트 서비스 루틴 함수에서 변경되는 pos가 이전 pos와 달라지면, pos 각도 정보를 화면에 출력하는 부분이며, 두 번째는 엔코더의 버튼을 누르면, "Angle Reset"이 화면에 출력되며 pos가 초기화되는 부분이다.

로터리 엔코더 역시 Encoder 라이브러리가 만들어져 있다. 보통은 3D 프린터 개발 산업기사 시험장에도 필수 라이브러리들(LCD, 엔코더 등)이 포함되어 있는 것으로 알려져 있다.

스케치 → 라이브러리 포함하기 → 라이브러리 관리를 통해 라이브러리 매니저를 실행시킨 후 검색어 창에 encoder라고 검색해 보자. 엔코더 라이브러리가 서너 개 검색되지만 로터리 엔코더에 적당한 라이브러리는 Paul Stoffregen의 1.4.1 버전이다.

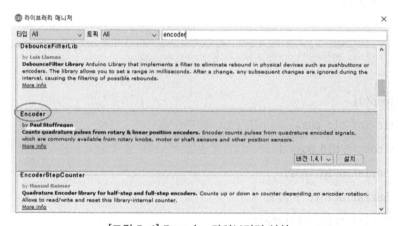

[그림 5-4] Encoder 라이브러리 설치

설치 후에 파일 → 예제 하단 부분에 Encoder → Basic 예제를 선택하여 기본 예제를 이해해 보자.

```
/* Encoder Library - Basic Example
 * http:// www.pjrc.com/teensy/td_libs_Encoder.html
 *
 * This example code is in the public domain.
```

```
*/

#include <Encoder.h>

// Change these two numbers to the pins connected to your encoder.
// Best Performance: both pins have interrupt capability
// Good Performance: only the first pin has interrupt capability
// Low Performance:  neither pin has interrupt capability
Encoder myEnc(2, 3);
// avoid using pins with LEDs attached
long oldPosition  = -999;
void setup() {
  Serial.begin(9600);
  Serial.println("Basic Encoder Test:");
}


void loop() {
  long newPosition = myEnc.read();
  if (newPosition != oldPosition) {
    oldPosition = newPosition;
    Serial.println(newPosition);
  }
}
```

이 예제에서는, Encoder 클래스를 사용하고 있으며, myEnc 객체에 엔코더의 CLK와 DT에 연결된 핀 번호를 전달한다. Encoder의 멤버 함수인 read() 함수를 통해 로터리 엔코더에서 계측한 펄스를 확인할 수 있으며, 이전 펄스(oldPosition)와 현재 펄스(newPosition)의 비교를 통해 펄스값이 변경된 경우에만 시리얼 모니터 창에 출력시키는 프로그램이다. 시스템에 따라 이 예제의 엔코더 감도(knob 회전에 따른 인식률)가 적당할 수도 있지만, 만약 감도를 덜 민감하게 조정하고 싶으면

newPosition = newPosition/4와 같이 데이터를 축소하면 된다.

예제 5-4) 로터리 엔코더 라이브러리를 이용하여 CW로 회전시키면 3색 LED의
밝기가 점점 밝아지고, CCW로 회전시키면 LED의 밝기가 점점 어두워지도록 한다.
색상 변경은 로터리 엔코더의 버튼(택트 스위치)을 이용하여 R-G-B-R … 순으로
변경한다. 채터링 방지를 위해 millis() 함수를 사용하자.

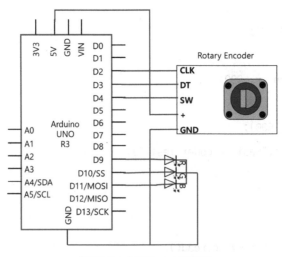

[그림 5-5] 예제 5-4 회로도

```
#include <Encoder.h>
unsigned long T_Curr;    // 현재 시간값 저장
const int interval=200; // 200ms
const int clk = 2, dt = 3, sw=4;
const int r=9, g=10, b=11;
int count;
int oldPosition  = -999;
char flag, old_flag;
Encoder myEnc(clk, dt);

void setup() {
```

```
    Serial.begin(9600);

    pinMode(sw, INPUT_PULLUP); // 로터리 엔코더 버튼 내부 풀업 사용

    T_Curr = millis();
}

void loop() {
    if(millis() >= T_Curr)   {
        T_Curr += interval; // 과거 시간을 현재 시간으로 갱신

        encoder_sw(); // interval 시간마다 flag(색깔 정보) update

    }

    if (flag != old_flag) {  // 변동이 있으면 실행
        myEnc.write(0);            // 엔코더값 reset

    }

    else { // 변동이 없으면 실행
        recog_change();  // LED control

    }

    old_flag =flag;
}


void encoder_sw(){
    if(digitalRead(sw) == LOW){ // 버튼이 눌려지면 true
        count++;

        if(count%3==1) flag='r'; // 버튼이 한 번 눌려지면 red

        else if(count%3==2) flag='g'; // 두 번 눌려지면 green

        else flag ='b';        // 버튼이 세 번 눌려지면 blue

    }

}

void recog_change(){
    static int oldflag;

    int newPosition = myEnc.read();   // encoder 측정값 저장


    if (newPosition != oldPosition) { // 각도 값 변경 발생 시 실행
```

```
    if(newPosition>=255) {
      newPosition = 255; // 최댓값 255 제한
      myEnc.write(255);  // 엔코더값 255 제한
    }
    else if(newPosition<=0) {
      newPosition = 0;      // 최솟값 0 제한
      myEnc.write(0);       // 엔코더값 reset
    }
    if(flag == 'r')        led(newPosition,0,0); // red만 점등
    else if( flag=='g')  led(0,newPosition,0); // green만 점등
    else if(flag =='b')  led(0,0,newPosition); // blue만 점등
    else    led(0,0,0);
    oldPosition = newPosition;     // oldPosition update
    // 디버깅 용도
    Serial.print(flag);
    Serial.print(',');
    Serial.println(newPosition);
  } // if (newPosition != oldPosition)
} // loop()

void led(int red, int green, int blue){
  analogWrite(r, red);
  analogWrite(g, green);
  analogWrite(b, blue);
}
```

설명) 로터리 엔코더 모듈은 버튼이 내장되어 있다. 아두이노 풀업저항을 사용해
서 버튼이 눌려지면 LOW를 반환하고, 평상시에는 HIGH를 반환한다. delay() 함
수는 전체 시스템의 지연을 가져오므로, millis() 함수를 이용하여 200ms(interval)
마다 버튼의 상태(flag)를 확인한다. 버튼의 상태가 변경되면, write() 함수를 이
용하여 엔코더가 가진 값을 reset 하고, 이전과 동일하면 flag에 따라 해당 색상의

LED를 제어한다. 참고로 myEnc.read()는 현재의 엔코더 펄스수(각도)를 반환하고, myEnc.write()는 엔코더 펄스수를 원하는 값으로 설정할 수 있다.

5.1.2 온도 센서

온도 센서는 아마도 여러 시스템에서 가장 흔히 사용되는 센서 중의 하나일 것이다. 3D 프린터에서도 온도 센서가 사용되고 있는데, 노즐의 온도(PLA의 경우 215도, ABS의 경우 240도)와 베드의 온도(60도)를 설정한 값만큼 증감 또는 유지하기 위해 온도 계측이 이루어진다. 온도 센서는 센서 특성에 따라 아날로그 타입과 디지털 타입으로 또는 접촉식과 비접촉식으로 나뉘며, 오랜 역사를 가진 써미스터 역시 아날로그 온도 센서의 한 종류이다. 써미스터(Thermistor)는 Thermally Sensitive Resistor를 줄인 단어로, 온도에 따른 저항값의 변화를 이용하는 소자로 NTC와 PTC 두 Type이 있지만, 주로 사용되는 건 NTC Type이다. 서로 다른 두 종류의 도체(또는 반도체)의 양쪽 끝을 접합하여 만들 때 두 점의 온도를 다르게 해주면, 전기가 발생하는 현상(제백 효과)을 이용하여 온도를 감지한다.

(참고로 펠티어 효과는 두 금속을 접합한 상태에서 전류를 흘려주면 한쪽 접합부는 차가워지고, 다른 쪽은 열이 나는 효과를 말한다.)

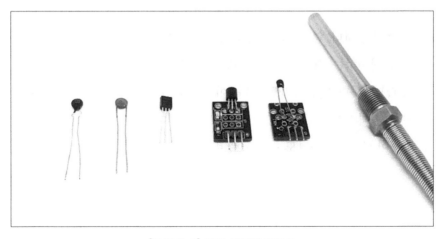

[그림 5-6] 온도 센서의 종류들

시중에서 흔히 볼수 있는 온도 센서는 아날로그 타입이 상대적으로 더 많은데 이런 아날로그 온도 센서를 선택할 때는 중요한 것이 있다. 계측 가능 온도 범위와 그 범위 내에서의 온도와 출력의 선형성 관계를 확인해야 한다. 예를 들어 사용하고자 하는 온도가 −20도에서 60도라고 하면, 온도센서 제조사가 제공하는 데이터 시트에서 온도와 출력 곡선, 또는 온도와 온도 에러 곡선을 통해 −20도에서 60도 사이 구간이 선형, 즉 직선 구간인지를 확인해야 한다.

사용 편의성과 저렴한 가격의 장점으로 온도 감지를 위해 LM35와 TMP36을 흔히 사용한다. 지난 3D 프린터 개발 산업기사에서는 TMP36을 사용하였다.

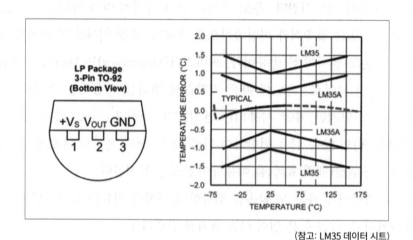

(참고: LM35 데이터 시트)

[그림 5-7] LM35의 Bottom View와 온도 vs 온도 에러 곡선

LM35는 전원을 하나 연결하는 경우는 2~150도 범위의 온도 감지가 가능하지만, 전원을 두 개 연결하는 경우는 −55~150도까지 측정 가능하다. 이 책에서는 입력전원 (4V ~ 20V) 하나만 연결하기로 한다. 아두이노 우노나 메가의 5V Vcc로도 충분히 가능하다. 출력전압은 1도 상승 시 10mV 증가된다. 위의 온도 에러 곡선에서 확인할 수 있듯이 에러는 +/− 1도 부근으로 비교적 양호하다.

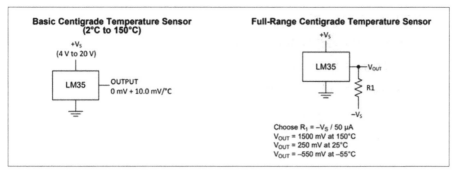

Basic Centigrade Temperature Sensor
(2°C to 150°C)

+V$_S$
(4 V to 20 V)

LM35

OUTPUT
0 mV + 10.0 mV/°C

Full-Range Centigrade Temperature Sensor

+V$_S$

LM35 — V$_{OUT}$

R1

–V$_S$

Choose R$_1$ = –V$_S$ / 50 μA
V$_{OUT}$ = 1500 mV at 150°C
V$_{OUT}$ = 250 mV at 25°C
V$_{OUT}$ = –550 mV at –55°C

(참고: LM35 데이터 시트)

[그림 5-8] LM35의 전원 연결 및 출력전압

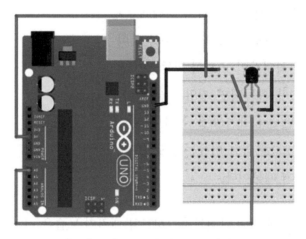

[그림 5-9] LM35와 아두이노 연결도

예제 5-5) LM35를 이용한 온도 측정

```
const int temper_s = A0;
void setup() {
    Serial.begin(9600);
}


void loop() {
```

```
    float temperature_lm;
    int value = analogRead(temper_s);
    float voltage = 5.0 * value / 1023.0; // adc 변환값을 voltage로 변경
    temperature_lm= voltage*100; // 10mV(0.01V)에 1도 변화 1/0.01 = 100
    Serial.println(temperature_lm);
    delay(500);
}
```

설명) LM35의 출력핀(중간 핀)을 아두이노 A0로 연결하여 analogRead(A0)를 통해 읽은 후, 이 값을 전압 레벨로 변환하기 위해 5.0 * value / 1023.0를 하였다. 만약 value의 값이 analogRead()의 최댓값인 1023이 획득되면 전압은 5V이고, 0이 획득되면 전압은 0V이다. 전압으로 저장된 data에 100을 곱하여 온도로 보정하였다. 100을 곱한 이유는 온도 1도는 10mV에 해당되기 때문이다.

이제 TMP36 센서에 대해 살펴보자. LM35와 패키지 모습은 거의 같으며, 핀 배치 역시 VCC, 아날로그 출력, GND 순으로 같다. 출력 특성 역시 1도당 10mV로 동일하다.

유일한 차이점은 Offset Voltage로 TMP36의 경우는 약 0.5V가 존재하지만, LM35 보다는 정확도가 높아서 더 많이 사용된다.

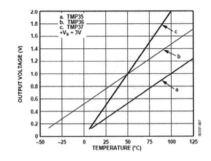

Table . TMP35/TMP36/TMP37 Output Characteristics

Sensor	Offset Voltage (V)	Output Voltage Scaling (mV/°C)	Output Voltage at 25°C (mV)
TMP35	0	10	250
TMP36	0.5	10	750
TMP37	0	20	500

(참고: TMP36 데이터 시트)

[그림 5-10] TMP36의 출력 특성

예제 5-6) TMP36을 이용한 온도 측정

```
const int temp_TMP36 =A0;
void setup() {
  Serial.begin(9600);
}
void loop() {
  float temperature_tmp;
  int t_tmp = analogRead(temp_TMP36);
  float voltage = 5.0 * t_tmp / 1023.0; // adc 변환값을 Voltage로 변경
  temperature_tmp = (voltage-0.5)*100;  // 10mV(0.01V)에 1도 변화
  Serial.println(temperature_tmp);
  delay(500);
}
```

설명) LM35와 거의 동일하지만, 0.5V 옵셋 (Offset)을 제거하기 위해 전압으로 변환된 출력값에 0.5V를 빼줘야 한다.

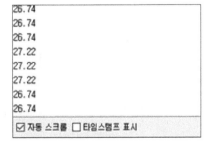

5.1.3 근접 센서와 피에조 부저

근접 센서는 센서 감지 거리 이내에 장애물이나 감지하고자 하는 대상의 존재 유무를 검출할 수 있는 센서를 말한다. 물리적 접촉 없이 수 mm에서부터 수십 Cm까지 측정 가능하며, 정도와 측정 거리에 따라 가격 차이가 있다.

만약 수 m까지 측정이 필요하다면 초음파나 레이저 거리 센서를 사용하는 것이 일반적이다(6장에서 확인).

근접 센서는 크게 전자기장을 이용하는 형태와 적외선을 감지하는 형태가 있는데, 정전 용량의 변화를 검출하는 형태는 아두이노보다는 PLC 등과 같은 산업 현장에서 많이 사용되며, 가정용이나 소형 시스템에서는 적외선 센서를 흔히 이용한다. 라인트레이서 아랫부분에 부착하여 흑/백을 구분하는 센서 역시 근접 센서로 분류될 수 있다.

이 책에서 소개할 근접 센서는 QRD1114로 적외선 LED와 포토 트렌지스터가 내장되어 있다. 적용 가능 범위는 1Cm 수준으로 아래의 특성을 가진다.

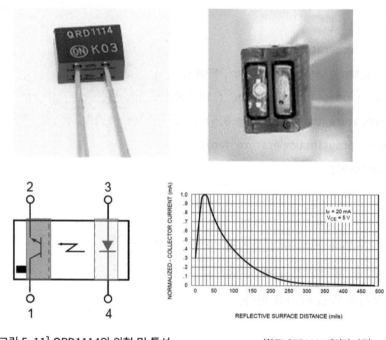

[그림 5-11] QRD1114의 외형 및 특성   (참고: QRD1114 데이터 시트)

3번과 4번 핀에 5V 전원을 주면 적외선 LED가 On 되고 사물에 반사된 빛을 1번
과 2번의 포토 트렌지스터가 읽어 들인다. 이때 포토트렌지스터(1, 2번)는 10kΩ에
풀업 연결하도록 하자.

예제 5-7) QRD1114를 연결하여 물체 감지에 따른 전압의 변화를 살펴본다.

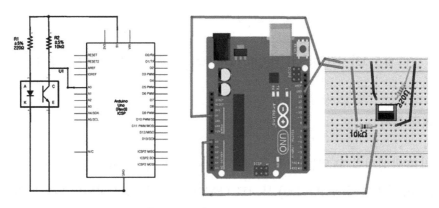

[그림 5-12] QRD1114 연결도

```
void setup() {
  Serial.begin(9600);
}
void loop() {
  int data = analogRead(A0);
  float data_v = 5.0* data/1023.0; // 전압 레벨로 변경
  Serial.println(data_v);
  delay(100);
}
```

설명) 아래 시리얼 플로터의 결과처럼 QRD1114 위로 물체를 가져가게 되면 전압
이 급격히 감소함을 확인할 수 있다. 물체와 센서간의 간격을 서서히 줄이면 전압
값 역시 완만한 경사를 지니게 된다. 참고로 시리얼 플로터는 시리얼 모니터의 1
차적인 출력을 2차원으로 화면에 출력하도록 해주는데, 아두이노 스케치 매뉴탭
의 툴탭을 클릭하면 발견할 수 있다.

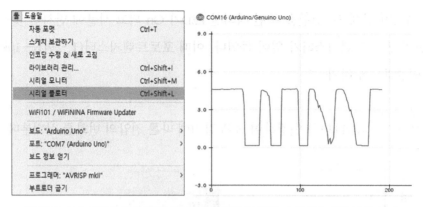

[그림 5-13] 시리얼 플러터와 QRD1114 위로 물체를 가져갔을 때의 반응 결과

피에조 부저

소리를 발생시킬 수 있는 장치 중에 부저(buzzer)라는 것이 있는데, 이 부저는 능동(Active) 부저와 수동(Passive) 부저로 나뉜다. 능동 부저는 전원만 인가되면 정해진 주파수의 소리를 발생시킬 수 있는데 반해, 수동 부저는 주파수에 따라 음의 높낮이 변경이 가능하다.

[표 5-1] 음계와 옥타브에 따른 주파수

음계＼옥타브	1	2	3	4	5
도	32.7	65.4	130.8	261.6	523.3
레	36.7	73.4	146.8	293.7	587.3
미	41.2	82.4	164.8	329.6	659.2
파	43.7	87.4	174.8	349.6	699.2
솔	49	98	196	392	784
라	55	110	220	440	880
시	61.7	123.4	246.8	493.6	987.2

본 책에서는 수동 부저를 이용하여 소리를 발생시켜 본다. 부저의 경우 극성이 있으며, LED와 마찬가지로 핀 다리의 길이가 긴 쪽이 양(+)의 전압에 연결되어야 한다.

실습에 사용된 수동 부저는 SM-1205B 모델로, 사양은 다음과 같다.

• 정격 전압: 6V • 구동 전압: 4~7 V • 정격 전류: 최대 30mA • 공진 주파수: 2300 +/- 300 • 무게: 2g • 크기: 19mm(D) x 9.5mm(H)	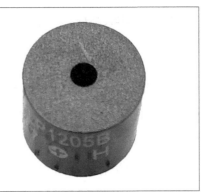

예제 5-8) 0.5초 간격으로 비프(beep)음을 발생한다.

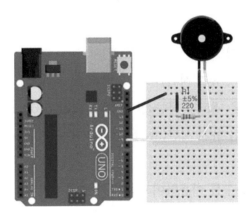

[그림 5-14] 피에조 부저의 연결도

```
void setup()  {
  pinMode(9, OUTPUT);
}
void loop()  {
  beep(500);  // 500ms 주기로 beep음 발생
}
void beep(int delay_ms){
  digitalWrite(9, 1); // analogWrite()를 이용해서 음의 세기 조정 가능
```

```
  delay(delay_ms);
  digitalWrite(9, 0);
  delay(delay_ms);
}
```

설명) 단음의 주기적인 beep음 발생을 위해서는 디지털 핀이나 아날로그 핀을 사용해도 문제가 되지 않는다. 이 예제에서는 부저의 + 핀을 9번에 연결하여 500ms 주기로 beep음을 발생시킨다. 만약, analogWrite() 함수를 이용하면 음의 세기(음량) 조절이 가능하다. 외부에 연결되는 저항과 analogWrite() 함수의 세기를 적절히 조합하면, 듣기 부담스럽지 않은 beep음이 출력된다.

아두이노에서는 tone() 함수를 이용하여 간편하게 음계의 변경이 가능하다.

tone(핀 번호, 주파수)
tone(핀 번호, 주파수, 유지 시간)
tone() 함수는 출력을 내고자 하는 핀 번호와, unsigned int 형의 주파수, 그리고 unsigned long형의 음 유지 시간(ms)을 입력하면 된다.

예제 5-9) tone() 함수를 이용하여 주파수를 변경시키며, 4옥타브의 도부터 5옥타브 시까지 음을 발생시킨다.

```
int buzzer = 8 ;
int tone_o[7] = {262,294,330,349,392,440,494}; // 4옥타브
void setup () {
  pinMode (buzzer, OUTPUT) ;
}
void loop () {
  for(int i = 0; i< 7; i++) {
    tone(buzzer, tone_o[i], 500); // 4옥타브 도~시까지 각 음을 500ms 유지
```

```
    delay(650); // 음 구별을 위해 유지 시간의 130% 정도의 delay() 필요
  }
  for(int i = 0; i< 7; i++) {
    tone(buzzer, tone_o[i]*2, 500); // 5옥타브 도~시까지 각 음을 500ms 유지
    delay(650);
  }
}
```

설명) 4옥타브의 도부터 시까지의 주파수를 tone_o 명의 배열에 저장하고, for 반
복문을 이용하여 500ms 동안 음을 유지하도록 한다. 다음 for문에서는 tone_o 배
열의 2배만큼씩 증가시킨 주파수로 음을 발생시킨다. 옥타브 사이에는 약 2배의
주파수 차이가 있기 때문이다.

[그림 5-15] 4옥타브 도에서 5옥타브 시까지의 주파수

참고로 noTone(핀번호)를 이용하면 소리를 중단시킬 수 있다. 또한, tone() 함수
를 사용하면 타이머2에 의해 제어되는 3번과 11번의 PWM 기능이 제대로 동작하지
않을 수 있음에 주의하자.

5.1.4 캐릭터 LCD

LCD는 캐릭터 LCD, 그래픽 LCD, 터치 LCD, 컬러 LCD, OLED 등 다양한 종류의
LCD가 존재하며, 가장 대중적인 Two – line(2줄) 캐릭터 LCD를 이 장에서 다루도
록 한다. Two – line LCD 역시 I2C를 지원하는 4핀 LCD와 범용의14 /16핀 LCD가

있는데, 3D 프린터 개발 산업기사에서는 I2C 지원 LCD를 이용한다. 하지만 LCD 활용은 임베디드 시스템 구성의 기본이므로 16핀 LCD를 먼저 이해하고, I2C 통신으로 LCD를 제어해 본다.

[그림 5-16] 16핀 LCD의 앞/뒷면

Two – line LCD는 16글자를 2줄로 표현 가능(총 32글자)하며 8비트/4비트 동작이 가능한데, 우노의 경우는 제한된 핀의 수 때문에 주로 4비트 모드를 이용한다.

[표 5-2] 16핀 LCD 핀 기능

Pin No.	1	2	3	4	5	6	7	8
Def.	GND	Vcc	Vee(VO)	RS	R/W	E	DB0	DB1

pin	9	10	11	12	13	14	15	16
Def.	DB2	DB3	DB4	DB5	DB6	DB7	LED+	LED-

pin 3의 VO는 경우에 따라 Vee로 표기되기도 하는데, 가변저항의 출력을 연결하여 출력할 문자의 밝기를 조절할 수 있으며, A, K로 표기되는 15, 16번 핀을 이용하여 백라이트 기능을 활성화할 수 있다.

4비트 모드를 기준으로 아두이노와 RS(4, Register Select), R/W(5, Read Write), E(6, Enable)와 GND, VCC, 그리고 15, 16(백라이트 용), DB4(11)~ DB7(14)을 연결해야 한다. RS는 0일 경우 명령 레지스터로 선택되고, 1일 경우는 데이터 레지스터로 선택된다. R/W는 0이 레지스터에 쓰기이고, 1일 경우 레지스터 읽기인데 레지스터를 읽을 경우는 없으므로 GND에 연결한다. E 신호를 통해 LCD로 전송을 시작한다. (만약 정상적으로 연결했는데도 화면에 글자가 보이지 않으면 3번 VO에 연결된 가변저항을 돌려가며 확인해 보자)

아두이노의 경우 LiquidCrystal 라이브러리를 이용하면 간편하게 프로그래밍 가능하다. LiquidCrystal은 아두이노의 내장 라이브러리이므로 따로 설치할 필요 없이 바로 사용할 수 있다. (스케치 → 라이브러리 포함하기 → LiquidCrystal)

자주 사용되는 몇 멤버 함수들에 대해 간단히 설명하면 아래와 같다.

[표 5-3] LCD의 기본 멤버 함수(LiquidCrystal 라이브러리)

begin()	LCD 시작 (ex)lcd.begin(16,2); // 16열 X 2행 LCD
print()	LCD 화면에 내용 출력
write()	LCD 화면에 내용 출력(아스키 코드 입력 시 문자 출력)
clear()	LCD 화면 내용 지움
blink()	커서 깜빡임
noBlink()	커서 깜빡임 해제
home()	커서 위치 홈 포지션(0,0)
setCursor()	원하는 위치에 문자 표시 (ex)lcd.setCursor(0,1) // 0열 1행 위치
display()	LCD 내용 표시
noDisplay()	LCD 내용 숨김

그리고 스크롤에 대한 함수들도 있다.

[표 5-4] LCD의 Scroll 기능 멤버 함수

scrollDisplayRight()	LCD 표시 문자 우측 이동
scrollDisplayLeft()	LCD 표시 문자 좌측 이동
autoscroll()	LCD 표시 문자 자동으로 우에서 좌로 이동

예제 5-10) 16핀 LCD 화면에 간단한 문장들을 출력하자. 아래 회로도와 같이 본 예제에서는 LCD의 RS,E,DB4,DB5,DB6,DB7 핀을 우노의 2,3,5,6,7,8에 연결한다.

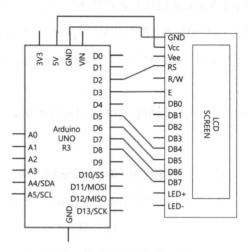

[그림 5-17] 16핀 LCD의 연결도

```
#include <LiquidCrystal.h>
LiquidCrystal lcd(2,3,5,6,7,8);
// RS, E, DB4, DB5, DB6, DB7
void setup() {
  lcd.begin(16,2);  // 16열 X 2행
  lcd.print("Nice to Meet you");
  lcd.blink(); // 커서 깜빡임
  delay(1000);
  lcd.clear();  // 화면 지움
}

void loop() {
  lcd.setCursor(0,0); // 0열 0행 위치
  lcd.print("i am Cho ");
  lcd.setCursor(0,1); // 0열 1행 위치
  lcd.write("i like Arduino");
  lcd.write(33);  // 아스키 코드33 = !
}
```

[그림 5-18] 예제 5-10의 결과

설명) 아두이노의 2,3,5,6,7,8에 LCD의 RS, E, DB4, DB5, DB6, DB7 6개 핀을 상호 연결한다. Nice to Meet you라는 문장이 1초간 유지되고, 화면 Clear 이후 i am Cho라는 문장과 i like Aruduino!라는 문장이 차례로 생길 것이다. !는 아스키 코드표에서 33번이므로, lcd.wirte(33)을 통해 '!'를 표시한다.

예제 5-11) 위 5-10 예제의 모든 문자들이 좌, 우로 shift 되도록 변경한다.

```
#include <LiquidCrystal.h>
LiquidCrystal lcd(2,3,5,6,7,8);
String str1 = "Good Saving";
String str2 = "To imagine is everything.";
void setup() {
    lcd.begin(16,2);     // 16열 X 2행
}
void loop() {
    lcd.setCursor(0,0); // 0열 0행
    lcd.print(str1);     // str1 문자열 출력
    delay(500);
    for(int i =1; i<16; i++)  { // 16칸 이동
        lcd.scrollDisplayRight(); // 오른쪽으로 스크롤
        delay(500);
    }
    lcd.clear();    // 화면 지움
```

```
    lcd.setCursor(0,1); // 0열 1행
    lcd.print(str2);
    delay(500);
    for(int i =1; i<str2.length(); i++)  { // 문자열 개수만큼 이동
      lcd.scrollDisplayLeft();  // 왼쪽으로 스크롤
      delay(500);
    }
    lcd.clear();  // 화면 지움
  }
```

[그림 5-19] 예제 5-11의 결과

설명) lcd.scrollDisplayRight() 또는 lcd.scrollDisplayLeft() 함수는 LCD 화면에 나타난 모든 문자를 우/좌로 한 칸씩 이동시킨다. 첫 번째 줄(0행)에는 "Good Saving"이라는 문자열이 오른쪽으로 이동하고, 두 번째 줄(1행)에는 "To imagine is everything"이 왼쪽으로 이동한다. 일반적으로는 왼쪽으로 이동하는 것이 화면에 표시된 문자를 읽기 편하다. String의 멤버 함수인 length()를 통해 해당 문자열의 문자 개수를 확인할 수 있다.

아두이노에서 전원 핀을 제외한 11개의 핀을 LCD에 연결하는 것은 사실 번거롭기도 하지만, 핀의 부족으로 다른 센서나 액추에이터 연결에 제한을 가져오게 된

다. 이런 불편한 점을 해소하기 위해 LCD 모듈에 부착할 수 있는 I2C 어댑터가 개발되었다.

I2C 통신 프로토콜을 지원하는 LCD 모듈을 이용할 때는 어댑터의 SDA, SCL를 우노의 A4, A5 핀에 각각 연결해 주면 된다. (3.3절 참조)

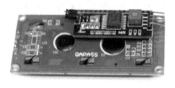

[그림 5-20] I2C 어댑터 내장 LCD(좌 : 16X2 , 우 : 20X4)

지금부터는 I2C 지원 LCD와 이 LCD의 전용 라이브러리를 이용하여 LCD에 원하는 글자를 출력해 보자.

Arduino-LiquidCrystal-I2C-library-master 라이브러리는 아래의 링크를 통해 다운 받을 수 있다.

→ https:// github.com/fdebrabander/Arduino-LiquidCrystal-I2C-library

zip 형태로 다운 받은 라이브러리는 zip 파일 압축 해제 없이 다음의 절차를 통해 추가 가능하다.

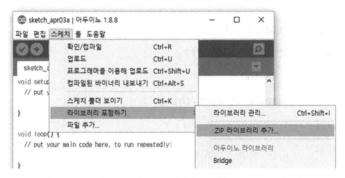

[그림 5-21] 아두이노 스케치에 라이브러리 포함하기

스케치 → 라이브러리 포함하기 → .zip 라이브러리 추가...를 클릭하여 다운 받은 Arduino-LiquidCrystal-I2C-library-master.zip 파일을 선택하면, 콘솔창 알림바에 라이브러리가 추가되었습니다. "라이브러리 포함하기" 메뉴를 확인하세요. 라는 메시지가 출력된다.

메뉴의 파일 → 예제로 들어가면, 제일 하단에 사용자 지정 라이브러리의 예제가 보이게 되고 추가한 Arduino-LiquidCrystal-I2C-library-master의 기본 예제들이 확인 가능하다. 참고로 3D 프린터 개발 산업기사 실기 시험장에는 I2C용 LCD 라이브러리가 포함되어 있는 것으로 확인되고 있다.

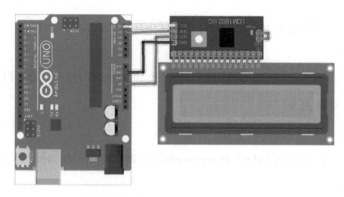

[그림 5-22] LCD I2C 모듈의 연결도

예제 5-11을 I2C 지원 LCD를 이용하여 살펴보자.
프로그램 코드는 클래스를 사용하는 부분이 추가된 것을 제외하고는 동일하다.
아래 프로그램의 0x27은 LCD의 주소이며, 16과 2는 16열 X 2행을 의미한다.

```
#include <LiquidCrystal_I2C.h>
LiquidCrystal_I2C lcd(0x27, 16, 2);
String str1 = "Good Saving";
String str2 = "To imagine is everything.";
void setup() {
  lcd.begin();
}
```

예제 5-12) TMP36과 QRD1114를 이용하여 온도와 장애물 유무를 LCD에 아래와 같이 디스플레이해 보자.

열\행	0	1	2	3	4	5	6	7	8	9	10	11	12	13	14	15
0	T	e	m	p		=		온	도					C		
1	O	b	s	t	a	c	l	e	=	O/X						

[그림 5-23] 예제 5-12의 메뉴 구성

```
#include <LiquidCrystal_I2C.h>
LiquidCrystal_I2C lcd(0x27, 16, 2);
String str1 = "Temp = ";
String str2 = "Obstacle= ";
void setup() {
  Serial.begin(9600);
  lcd.begin();
  lcd.clear();
}
void loop() {
  float temperature_tmp;
  int t_tmp = analogRead(A0);    // TMP36
  int obs = analogRead(A1);       // QRD1114
  float temp_v = 5.0 * t_tmp / 1023.0; // 전압 레벨로 변경
  float obs_v = 5.0 * obs / 1023.0;    // 전압 레벨로 변경
  temperature_tmp = (temp_v-0.5)*100;  // 10mV(0.01V)에 1도 변화
  display_lcd(temperature_tmp, obs_v); // 온도와 근접 센서 인식값 전달
}

void display_lcd(float temp, float obs){
  char obstacle;
  lcd.setCursor(0,0); // 0열 0행
```

```
    lcd.print(str1);       // Temp
    lcd.setCursor(7,0);    // 7열 0행
    lcd.print(temp);       // 온도 display
    lcd.setCursor(13,0);   // 13열 0행
    lcd.print("C");
    lcd.setCursor(0,1);    // 0열 1행
    lcd.print(str2);       // Obstacle
    lcd.setCursor(9,1);    // 9열 1행
    if(obs <=1)    obstacle = 'O'; // 장애물 있음
    else obstacle = 'X'; // 장애물 없음
    lcd.print(obstacle); // 장애물 유무 display
    delay(500);
}
```

[그림 5-24] LCD에 디스플레이된 결과(좌 : 장애물 있음 우 : 장애물 없음)

설명) QRD1114 근접 센서와 TMP36 온도 센서를 이용하여 온도와 근접 센서 주위의 장애물을 인지하여 LCD에 디스플레이한다. display_lcd() 함수에서는 온도와 근접 센서로 인식된 값을 인자로 전달하여 LCD에 디스플레이한다.

이제 메뉴 구성을 좀 더 확장한다. 2줄의 LCD이지만, 엔코더를 이용하면 행을 확장할 수 있다.

예제 5-13) 아래와 같이 세 개로 이루어진 메뉴를 만들고, 엔코더로 메뉴를 이동한다. 단 좌측 첫 번째 열에 '>'커서를 표시하고 '>'커서가 선택된 메뉴에 위치한다.

메뉴 선택 화살표

열\행	0	1	2	3	4	5	6	7	8	9	10	11	12	13	14	15
0	>	E	X	I	T											
1		P	r	e	p	a	r	e								
2		C	o	n	t	r	o	l								

[그림 5-25] 예제 5-13의 메뉴 구성

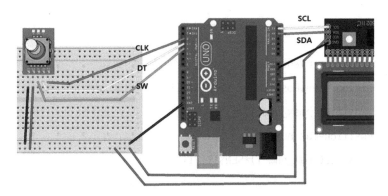

[그림 5-26] 예제 5-13 결선도

```
#include <LiquidCrystal_I2C.h>
#include <Encoder.h>
#define SENSITIVITY 10    // 엔코더 민감도
// 메뉴 종류
int max_num = 3;   // 메뉴 개수
int min_num = 0;
String menu[3] = {"EXIT", "Prepare", "Control"};
const int clk = 2, dt = 3, sw=4; // encoder 연결핀
int oldPosition  = 0;
unsigned long T_Curr; // 현재 시간값 저장
boolean e_state = false;
int newPosition, dir;
```

```
Encoder myEnc(clk, dt);
LiquidCrystal_I2C lcd(0x27, 16, 2);

void setup() {
   Serial.begin(9600);
   lcd.begin();      // lcd 시작
   lcd.clear();      // lcd 화면 초기화
   myEnc.write(0);   // 엔코더값 초기화
   T_Curr = millis();
   display_lcd(newPosition, dir);
}
void loop(){
   newPosition  = myEnc.read();
   newPosition = newPosition / SENSITIVITY; // encoder값 둔감하게 조정
   if(newPosition >max_num-1) {
     newPosition=max_num-1;
     myEnc.write((max_num-1)*SENSITIVITY);
   }
   else if(newPosition <min_num) {
     newPosition=min_num;
     myEnc.write(0);
   }
   if(newPosition!=oldPosition)   {  // 엔코더값의 변화가 있으면 실행
     e_state = true;
     if(newPosition > oldPosition) dir = 1; // 시계방향
     else dir = 0;  // 반시계방향
   }
   else e_state =false;
   mod_define();
}
void mod_define(){
```

```
    if(e_state == true){ // 엔코더의 변화가 있으면
       display_lcd(newPosition, dir);
       oldPosition = newPosition;    // oldPosition update
    }
}
void display_lcd(int pos, int dir){ // 메뉴, 방향
   lcd.clear();
   lcd.setCursor(0,dir);    // 0 or 1
   lcd.write(62);    // 아스키 코드 62 = '>'
   Serial.print(" lcd pos : ");
   Serial.print(pos);
   if(dir == 0) { // 엔코더가 CCW 방향 회전 시
     lcd.setCursor(1,0); // 1열 0행
     lcd.print(menu[pos]);
     lcd.setCursor(1,1); // 1열 1행
     lcd.print(menu[pos+1]);
   }
   else {  // CW 방향 회전 시
     lcd.setCursor(1,0); // 1열 0행
     lcd.print(menu[pos-1]);
     lcd.setCursor(1,1); // 1열 1행
     lcd.print(menu[pos]);
   }
}
```

설명) LCD와 엔코더에 대한 라이브러리를 이용하여 프로그래밍한다. 메뉴 확장성을 위해 배열의 인덱스로 메뉴를 선택하고, 메뉴 인덱스는 엔코더 손잡이를 회전시켜 변경한다. 작은 엔코더의 변화에도 메뉴가 변경되는 것을 방지하기 위해 민감도(Sensitivity)로 엔코더의 값을 나누어 둔감하게 처리한다. 메뉴의 인덱스를 위한 변수는 newPosition이고, 메뉴 선택을 위한 커서 ">"가 0행 또는 1행에 놓이

도록 결정하는 변수는 dir이다.

핵심 알고리즘은 newPosition 변수의 변경이 발생하면, 즉 엔코더의 손잡이
가 회전이 되면 현재의 인덱스를 가진 메뉴를 LCD에 표시하고, "〉" 커서는 엔코
더의 회전 방향이 시계방향이면 1행에, 반시계방향이면 0행에 위치하도록 한다.
newPosition 변수의 값이 필요 이상으로 커지거나 작아지는 것을 방지하기 위해
Encoder의 멤버 함수인 write() 함수를 통해 엔코더의 값을 최소 0에서 메뉴의 최대
인덱스인 2까지로 제한한다.

3D 프린터 개발 산업기사 실기에 출제된 메뉴 구성은 대분류, 중분류, 세분류의
삼단계의 depth를 가지고 있다. Prepare 동작에서는 스텝 모터의 회전 방향과 각도
를 제어하고, Control에서는 사용자가 온도와 감지 거리를 설정하고 센서들이 설정
한 값에 도달하면 이전 단계의 메뉴로 돌아가도록 구성된다.
메뉴는 동일하게 구성하고, 스텝 모터, 온도 센서, 근접 센서를 이용하는 대신에
3색 LED를 이용하여 각각의 색을 제어해 보도록 하자.

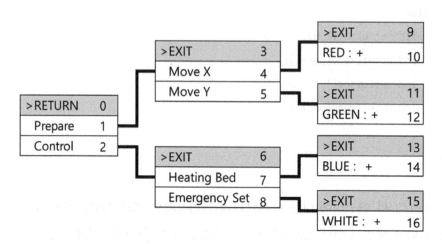

[그림 5-27] 3D 프린터 개발 산업기사 메뉴 구성 유형

예제 5-14) 그림 5-27과 같이 구성하여 3색 LED의 색상을 제어한다. EXIT가 선
택되면 이전 단계로 메뉴를 이동하도록 구성한다.

```
// 스테핑 모터 제어, Emergency, heating 등의 동작 대신에 3색 LED 제어로 실행
#include <LiquidCrystal_I2C.h>
#include <Encoder.h>
#define SENSITIVITY 10    // 엔코더 민감도
#define INTERVAL 200      // 엔코더 버튼 민감도
const int r=9,g=10,b=11; // 3색 led 연결
const int clk = 2, dt = 3, sw=4; // encoder 연결핀
int max_num = 2;  // 메뉴 개수
int min_num = 0;
String init_m[2] = {"x:      y:   ", "3D printer test"};
String menu[17] =
  {"RETURN", "Prepare", "Control", "EXIT", "Move X", "Move Y",
  "EXIT", "Heating Bed", "Emergency Set", "EXIT"
   RED : + ","EXIT", "GREEN : + ", "EXIT","BLUE : +",
  "EXIT", "WHITE : +"};
unsigned long T_Curr; // 아두이노 구동 시간 저장
boolean m_state = false, b_state=false; // 버튼, 엔코더 변화 정보 flag 초기화
int newPosition,oldPosition, dir;
boolean func = false;
Encoder myEnc(clk, dt);
LiquidCrystal_I2C lcd(0x27, 16, 2);

void setup() {
    pinMode(sw, INPUT_PULLUP); // 로터리 엔코더 버튼 내부 풀업 사용
    lcd.begin();      // lcd 시작
    myEnc.write(0);   // 엔코더값 초기화
    init_display();   // 초기 화면 표시
    T_Curr = millis();
}
void loop(){
    newPosition  = myEnc.read();
```

```
      newPosition = newPosition / SENSITIVITY; // encoder 값 둔감하게 조정
   if(millis() > T_Curr){ // 버튼 입력 확인 및 중복 동작 방지
      T_Curr += INTERVAL;
      if(digitalRead(sw)==LOW)          b_state =true;
   }
   if(b_state == true) { // 버튼이 눌려진 순간 단 한 번 실행
      // 현재 메뉴를 확인하여 dir(">"커서 위치) 정의, 메뉴 선택 시 디스플레이 화면과
         기능 정의
      if( (newPosition == 0)||(newPosition == 1) || (newPosition ==
2)||(newPosition == 4) ||
         (newPosition == 5)||(newPosition == 7) || (newPosition == 8) )  dir = 0;
      // ">" 커서 첫 번째 행에 위치
      else dir = 1; // ">" 커서 두 번째 행 표시

      if(newPosition == 0) {delay(INTERVAL); init_display(); } // RETURN (초기화면 실행)
      else if(newPosition == 1) {newPosition = 3; max_num=5; min_num=3;} // preprare
      else if(newPosition == 2) {newPosition = 6; max_num=8; min_num=6;} // control
      else if(newPosition == 3) {newPosition = 1; max_num=2; min_num=0;} // EXIT
      else if(newPosition == 4) {newPosition = 9; max_num=10; min_num=9;} // MOVE X
      else if(newPosition == 5) {newPosition = 11; max_num=12; min_num=11;} // MOVE Y?
      else if(newPosition == 6) {newPosition = 2; max_num=2; min_num=0;} // EXIT
      else if(newPosition == 7) {newPosition = 13; max_num=14; min_num=13;} // Heating B
      else if(newPosition == 8) {newPosition = 15; max_num=16; min_num=15;} // Emer. Set
      else if(newPosition == 9) {newPosition = 4; max_num=5; min_num=3;} // EXIT
      else if(newPosition == 10) {func = true; myEnc.write(0); x_dis(); } // RED : +
      else if(newPosition == 11) {newPosition = 5; max_num=5; min_num=3;} // EXIT
      else if(newPosition == 12) {func = true; myEnc.write(0); y_dis();} // GREEN : +
      else if(newPosition == 13) {newPosition = 7; max_num=8; min_num=6;} // EXIT
      else if(newPosition == 14) {func = true; myEnc.write(0); bed_temp(); }// BLUE :
      else if(newPosition == 15) {newPosition = 8; max_num=8; min_num=6;} // EXIT
      else if(newPosition == 16) {func = true; myEnc.write(0); emergency_set();} // WHITE :
      else { };
```

```
        myEnc.write(newPosition*SENSITIVITY);   // 변경된 newPosition(인덱스)으로 update
        b_state = false;
        oldPosition = newPosition;
        m_state=true; // mode_define()함수 진입 시 dislplay_lcd() 함수 실행을 위함
    }
    else {
        if(newPosition!=oldPosition)   {  // 엔코더값의 변화가 있으면 실행
            m_state = true;  // e_state 변수 true로 set
            if(newPosition > oldPosition) dir = 1; // CW 회전 시 ">" 커서 두 번째 행(1행) 표시
            else dir = 0;  // CCW 회전 시 ">" 커서 첫 번째 행(0행) 표시
        }
        else m_state =false;
    }
    // display할 메뉴의 최대,최소 제한
    if(newPosition >max_num) {
        newPosition=max_num;
        myEnc.write((max_num)*SENSITIVITY);   // 엔코더값 update
    }
    else if(newPosition <min_num) {
        newPosition=min_num;
        myEnc.write(min_num*SENSITIVITY);   // 엔코더값 update
    }

    if(m_state == true){ // 엔코더의 변화가 있거나, 버튼이 눌려지면
        if(func != true)    display_lcd(newPosition, dir); // 현재 메뉴 display
        else {}; // menu 10,12,14,16의 경우는 현재 화면 유지
    }
    oldPosition = newPosition;    // oldPosition update
}
void display_lcd(int pos, int dir){ // 메뉴, 방향
```

```
        lcd.clear();
        lcd.setCursor(0,dir);    // dir은 0 또는 1
        lcd.write(62);    // 아스키 코드 62 = '>'
        if(dir == 0) { // 엔코더가 CCW 방향 회전으로 판단 시 현재 메뉴, 다음메뉴 표시
            lcd.setCursor(1,0); // 1열 0행
            lcd.print(menu[pos]);
            lcd.setCursor(1,1); // 1열 1행
            lcd.print(menu[pos+1]);
        }
        else {  // 엔코더가 CW 방향 회전으로 판단 시 이전 메뉴, 다음 메뉴 표시
            lcd.setCursor(1,0); // 1열 0행
            lcd.print(menu[pos-1]);
            lcd.setCursor(1,1); // 1열 1행
            lcd.print(menu[pos]);
        }
}
void init_display(){  // 초기화면 표시
    lcd.clear();
    lcd.setCursor(0,0);
    lcd.print(init_m[0]);  // "x:      y:      "
    lcd.setCursor(0,1);
    lcd.print(init_m[1]);  //  "3D printer test"
    while(digitalRead(sw) == HIGH){} // 버튼이 눌려질 때까지 대기
    delay(INTERVAL);   // 버튼 입력에 따른 중복 동작 방지
    display_lcd(0,0); // Returen, perpare, control 표시
}
int func_common(){
   // 실제 수행해야 할 기능, 엔코더 회전 후 버튼 누를 시에 func = false
   int func_pos;
   delay(INTERVAL);  // 버튼 입력에 따른 중복 동작 방지
   while(func == true){
     func_pos = myEnc.read();
```

```
    func_pos = func_pos / SENSITIVITY; // encoder 값 둔감하게 조정
    func_pos = 5*func_pos; // 5씩 증가
    lcd.setCursor((menu[newPosition].length()+2),1); // lcd에 출력될 위치
    lcd.print(func_pos);
    if(digitalRead(sw) == LOW) func = false; // 버튼이 눌려지면 while() 탈출
    delay(INTERVAL);
  }
  return func_pos;  // 엔코더로 목표 설정한 값 return
}
void x_dis(){  // red led 제어
  int value= func_common(); // value에 목푯값 대입
  int count=0;
  while(count <= value){ // 목푯값 value에 도달할 때까지 실행, 도달하면 탈출
    delay(10); // 10ms마다 led 밝기 1증가
    analogWrite(r,count);
    analogWrite(g,0);
    analogWrite(b,0);
    count++;
  }
}
void y_dis(){  // green led 제어
  int value= func_common(); // value에 목푯값 대입
  int count=0;
  while(count <= value){ // 목푯값 value에 도달할 때까지 실행, 도달하면 탈출
    delay(10);  // 10ms마다 led 밝기 1증가
    analogWrite(r,0);
    analogWrite(g,count);
    analogWrite(b,0);
    count++;
  }
}
void bed_temp(){  // blue led 제어
```

```
    int value= func_common(); // value에 목푯값 대입

    int count=0;

    while(count <= value){ // 목푯값 value에 도달할 때까지 실행, 도달하면 탈출

      delay(10);  // 10ms마다 led 밝기 1증가

      analogWrite(r,0);

      analogWrite(g,0);

      analogWrite(b,count);

      count++;

    }

}

void emergency_set(){  // white led 제어

  int value= func_common(); // value에 목푯값 대입

  int count=0;

  while(count <= value){ // 목푯값 value에 도달할 때까지 실행, 도달하면 탈출

    delay(10);

    analogWrite(r,count);

    analogWrite(g,count);

    analogWrite(b,count);

    count++;

  }

}
```

설명) 이전 5-13 예제와 유사하지만, 메뉴의 수가 17개로 증가하였고, 3단계의 depth를 가진다. 메뉴 선택은 엔코더의 내장 버튼을 이용하고 실행 중에는 항상 엔코더의 회전 발생과 버튼 눌림 유무를 감지한다.

초기 화면은 아래와 같고, 버튼이 눌려질 때까지 화면을 유지한다.

X	:			Y	:										
3	D		P	r	i	n	t	e	r		t	e	s	t	

엔코더의 회전이 일어나면 엔코더의 값(인덱스)에 맞는 메뉴를 LCD에 디스플레이하고, 버튼이 눌려지면 해당 메뉴의 기능을 수행하고 동시에 메뉴의 다음 깊이 또는 이전 깊이(EXIT의 경우)로 메뉴 인덱스를 변경한다. 각 단계의 메뉴들은 EXIT가 선택되기 전까지 각 단계에서의 최소 인덱스와 최대 인덱스를 가지도록 엔코더의 값을 제한한다.

3D 프린터 개발 산업기사 실기에서 메뉴간 이동은 엔코더가 사용되지만, 4X4 키패드(5.1.6)로도 메뉴 이동과 선택이 가능하므로 다음 장에 나오는 키패드 사용법도 눈여겨보길 바란다.

5.1.5 스테핑 모터

모터의 종류는 다양하다. 기준에 따라 DC/AC 모터, 브러시가 없는 BLDC 모터, 회전 자계형인 인덕션 모터, 선형적인 직선 운동을 하는 리니어 모터, 그리고 피드백 제어를 통한 원하는 각도까지 제어할 수 있는 서보 모터 등이 있다. 이번 절에서는 스테핑 모터에 대해 알아보기로 한다. 스테핑 모터(스텝모터, 스텝퍼 모터 라고도 함)는 입력 펄스에 비례하여 회전각이 변경되는 모터로 정밀하게 제어 가능하므로, 3D 프린터뿐만이 아니라, NC 공작기계나 산업용 로봇 등에도 사용된다.

스테핑 모터는 고정자 상에 따라 3상, 4상, 5상 권선형으로 분류되며, 회전자의 형태에 따라 VR, PM, 하이브리드 형으로도 분류된다. 그러나 가장 대표적인 분류는 유니폴라와 바이폴라이다. 유니폴라와 바이폴라의 차이점은 바이폴라는 권선에서 전원선이 나오고 일반적으로 4선이며 전류의 방향을 변경할 수 있으나, 유니폴라는 권선 중앙에서 각 하나씩 2개의 선이 나오므로 바이폴라보다 선이 더 많은 5선 또는 6선을 가진다. 또한, 바이폴라는 전류가 단일 방향으로만 흐른다.

바이폴라는 저속 구동에, 유니폴라는 고속 구동에 주로 사용된다.

[그림 5-28] 스테핑 모터

스테핑 모터는 트렌지스터로도 구동이 가능하지만, 구동을 위한 전용 드라이버 칩을 사용하는 게 일반적이다. 일반 DC 모터는 2개의 선에 전원을 연결하면 지속적인 회전이 되지만, 스테핑 모터는 극성을 변경하며 펄스를 인가해야만 구동되기 때문이다. 대표적인 구동 드라이버는 A4988, ULN2003, ULN2004, SLA7024, SLA7026, 또는 L293, L298 등이 있으며, 이런 칩들 역시 주변 회로(커패시터, 저항)가 내장된 모듈 형태로도 많이 사용된다. 구동하고자 하는 모터의 사양(유니폴라, 바이폴라, 구동전류 등)에 맞추어 칩 또는 모듈을 선택하면 된다.

5.1.5.1 유니폴라 스테핑 모터

3D 프린터 개발 산업기사 실기에서 사용되었던 스테핑 모터는 범용의 42각 2상 6선 유니폴라 스테핑 모터이며, 스텝당 1.8° 회전이 가능하고, 사용 전압과 전류는 각각 4V, 0.95A이다.

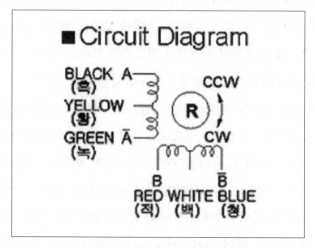

(참고: Motor bank nk243-01AT 데이터 시트)

[그림 5-29] 유니폴라 스테핑 모터 구조

유니폴라이므로 권선 중앙에서 각 1선씩이 존재하며(위 그림에서 Yellow, White), 이 두 선은 VCC(모터를 구동할 외부 전원)에 연결된다. 만약 중간 탭의 Yellow, White 두 선을 연결하지 않고 4선만을 사용하면 바이폴라 형태로도 이용

가능하다.

ULN2003/ULN2004 드라이버

ULN2004 달링턴 7채널 드라이버 IC로 스테핑 모터를 제어해 보도록 한다. ULN2004 드라이버의 블록도와 핀 연결 및 사양은 아래의 그림을 참조하자.

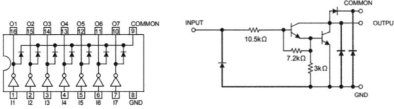

Note: The input and output parasitic diodes cannot be used as clamp diodes.

■ **RECOMMENDED OPERATING CONDITIONS** (Ta=-40～+85)

CHARACTERISTIC		SYMBOL	TEST CONDITIONS		MIN	TYP	MAX	UNIT
Output Sustaining Voltage		V_{OUT}			0		50	V
Output Current	DIP-16	I_{OUT}	T_{pw} = 25ms 7 Circuits Ta = 85 TJ = 120	Duty = 10%	0		370	mA/ch
				Duty = 50%	0		130	
	SOP-16			Duty = 10%	0		233	
				Duty = 50%	0		70	
Input Voltage		V_{IN}			0		24	V
Input Voltage (Output On)		$V_{IN (ON)}$	I_{OUT} = 400mA, h_{FE} = 800		6.2		24	V
Input Voltage (Output Off)		$V_{IN (OFF)}$			0		1.0	V
Clamp Diode Reverse Voltage		V_R					50	V
Clamp Diode Forward Current		I_F					350	mA
Power Dissipation	DIP-16	P_D	Ta = 85				0.76	W
	SOP-16		Ta = 85				0.325	

(참고: UNISONIC TECHNOLOGIES의 ULN2004 데이터 시트)

[그림 5-30] ULN2004 Spec.

ULN2003 IC와 미묘한 차이가 있는데, 2003은 입력저항이 2.7KΩ이며, 5V TTL CMOS이지만, 2004의 경우 입력저항이 10.5KΩ이며, 6~15V로 구동되는 PMOS, CMOS 이다.

아래의 그림처럼, 유니폴라 스테핑 모터와 ULN2004(또는 ULN2003)를 아두이노와 연결하자. 경우에 따라서는 외부 전원을 인가해야 할 수도 있다. 이때는 ULN

의 9번 Common 핀과 중간 탭 Yellow, White를 외부 전원의 양극에 연결하고, 아두이노의 5V 전원선은 연결을 제거해야 한다. 또한, 외부 전원의 음극과 아두이노의 GND, ULN 8번을 모두 연결해야 한다.

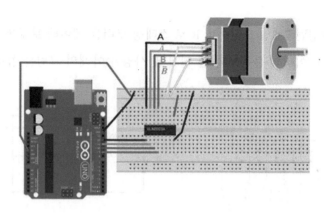

[그림 5-31] ULN2004 드라이버와 유니폴라 스테핑 모터(모터뱅크)

유니폴라 스테핑 모터는 1상 여자 방식, 2상 여자 방식, 1-2상 여자 방식으로 제어가 가능한데, 아래의 차트를 참고하자.

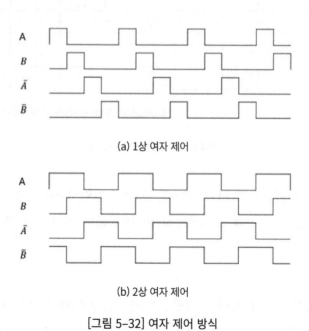

[그림 5-32] 여자 제어 방식

1상 여자 제어는 힘이 약해서 모터의 진동이 발생하거나 탈조되는 현상이 발생하며, 2상 여자 제어는 1상에 비해 제동 효과도 뛰어나며 탈조되는 경우도 상대적으로 적다. 하지만 모터나 구동 드라이버에 발열이 발생할 수 있다. 1-2상 제어는 1, 2상의 절반의 스텝으로 구동 가능하다. 즉 1.8도의 스테핑 모터를 1-2상 여자 제어 방식을 사용하면 스텝당 0.9도 회전이 가능하여 정밀 제어가 가능하다.

CW(시계방향) 회전은 각 펄스를 위의 그림에서 오른쪽으로 이동시키면 가능하고, CCW(반시계방향) 회전은 반대 방향인 왼쪽으로 이동시키면 가능하다.

예제 5-15) 1상 여자 제어 방식으로 스텝모터를 1바퀴 회전시킨다.

```
int delay_p =10;
int rot = 200; // 360/1.8
int s;
int a=12, na=11, b=10, nb=9;
void setup() {
  for(int i=9; i<=12; i++)
    pinMode(i, OUTPUT);
}

void loop() {
  for(s ; s< rot/4; s++){
    digitalWrite(a, 1);  digitalWrite(b,0); // 1 Step
    digitalWrite(na,0);  digitalWrite(nb,0);
    delay(delay_p);
    digitalWrite(a, 0);  digitalWrite(b,1); // 2 Step
    digitalWrite(na,0);  digitalWrite(nb,0);
    delay(delay_p);
    digitalWrite(a, 0);  digitalWrite(b,0); // 3 Step
    digitalWrite(na,1);  digitalWrite(nb,0);
    delay(delay_p);
    digitalWrite(a, 0);  digitalWrite(b,0); // 4 Step
```

```
    digitalWrite(na,0);  digitalWrite(nb,1);
    delay(delay_p);
  }
}
```

설명) A, B, −A, −B를 위의 그림(1상 여자 제어)처럼 순서대로 한 스텝씩 이동
하면 총 7.2도를 회전하게 되며(1.8 * 4), delay를 통해 속도 조절이 가능하다. 360
도(한 바퀴) 회전을 위해서는 for문을 50번(7.2 * 50 = 360) 반복하면 된다.

예제 5-16) 2상 여자 제어 방식으로 스텝모터를 한 바퀴씩 정/역회전으로 회전
시킨다.

```
int delay_p =10;
int rot = 200; // 360/1.8
int s;
int a=12, na=11, b=10, nb=9;
void setup() {
  for(int i=9; i<=12; i++)
    pinMode(i, OUTPUT);
}
void loop(){
  for(s ; s< rot/4; s++){   // CW 회전
    digitalWrite(a, 1);  digitalWrite(b,0); // 1 Step
    digitalWrite(na,0);  digitalWrite(nb,1);
    delay(delay_p);
    digitalWrite(a, 1);  digitalWrite(b,1); // 2 Step
    digitalWrite(na,0);  digitalWrite(nb,0);
    delay(delay_p);
    digitalWrite(a, 0);  digitalWrite(b,1); // 3 Step
    digitalWrite(na,1);  digitalWrite(nb,0);
```

```
    delay(delay_p);
    digitalWrite(a, 0);  digitalWrite(b,0); // 4 Step
    digitalWrite(na,1);  digitalWrite(nb,1);
    delay(delay_p);
  }
  for(s=rot/4 ; s>0; s--){  // CCW 회전
    digitalWrite(a, 0);  digitalWrite(b,1); // 3 Step
    digitalWrite(na,1);  digitalWrite(nb,0);
    delay(delay_p);
    digitalWrite(a, 1);  digitalWrite(b,1); // 2 Step
    digitalWrite(na,0);  digitalWrite(nb,0);
    delay(delay_p);
    digitalWrite(a, 1);  digitalWrite(b,0); // 1 Step
    digitalWrite(na,0);  digitalWrite(nb,1);
    delay(delay_p);
    digitalWrite(a, 0);  digitalWrite(b,0); // 4 Step
    digitalWrite(na,1);  digitalWrite(nb,1);
    delay(delay_p);
  }
}
```

설명) 그림 5-31 (b)의 2상 여자 제어 방식처럼, 순차적으로 2상에 High 신호를 인가하면 회전할 수 있다. 첫 번째 for문은 CW 방향으로 회전하게 되며, 두 번째 for문은 CCW 방향으로 회전하게 된다. loop 안의 for 반복문이므로 계속하여 CW, CCW 방향으로 한 바퀴씩 회전한다.

참고로 자신이 가지고 있는 스텝 모터의 모델명이 기재된 스티커가 제거되었다면, 멀티미터로 확인 가능하다. A, −A, 그 사이의 중간선은 서로 연결되어 있고, 나머지 B, −B, 중간선은 서로 연결되어 있다. 멀티미터로 서로 연결된 3선을 찾은 후 중간 탭을 찾아야 한다. 중간 탭을 찾는 방법은 멀티미터로 저항 측정을 통해 가능

한데, 예를 들어 A와 −A가 8Ω이라면, A와 중간 탭, −A와 중간 탭은 각 4Ω이어야한다. 임의로 A(혹은 −A) 그리고 B(혹은 −B)를 가정하고 프로그램을 업로드하여 원활한 회전이 되지 않거나 반대로 회전한다면 연결을 변경하여 찾도록 하자.

5.1.5.2 바이폴라 스테핑 모터

대부분의 3D 프린터는 바이폴라 스테핑 모터를 사용하는데, 가장 저렴하고 대중적인 드라이버는 L297, L298 또는 A4988 드라이버이다.

L298 모터 드라이버는 DC 모터 구동을 위해서도 흔히 사용되는 드라이버이며, H bridge 드라이버를 포함하고 있다. H bridge를 이용하므로 내부적인 회로는 복잡하지만 아래 그림과 같은 모듈 형태를 이용하면 간단하게 구성할 수 있다.

[그림 5-33] L298N 모터 드라이버 모듈

L298N 모듈의 OUT1 ~ OUT4를 Bipolar 모터의 A,−A, B,−B 순서로 연결하고, 펄스를 인가하기 위해 IN1 ~ IN4를 아두이노의 12, 11, 10, 9번에 연결하자. 이때 ENA, ENB의 점퍼는 제거할 필요 없이 그대로 두자. ENA, ENB는 A,B 모터를 Enable 하기 위한 핀으로, 점퍼를 제거하게 되면 아두이노로부터 HIGH 신호를 줘야지만 동작하게 된다. 스텝 모터의 사양에 따라 아두이노의 5V 전원을 이용하면

진동 또는 탈조되는 현상이 발생될 수 있는데, 이때는 아두이노의 5V 전원을 제거하고 SMPS나 외부 배터리의 + 전원을 L298 모듈의 12V에 인가하고, − 전원과 아두이노의 GND를 모듈의 GND에 연결하자. 연결 방법과 동작 원리에 차이가 있을 뿐 1, 2상 여자 제어 방법은 동일하므로, 프로그램의 차이는 없다. 위의 예제 프로그램을 이용하여 바이폴라 모터를 제어해 보자.

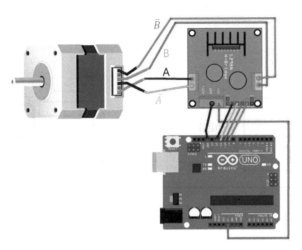

[그림 5-34] L298N 모터 드라이버와 바이폴라 연결

다음은 A4988 드라이버로 바이폴라 스테핑 모터를 제어하자.
A4988은 다수의 3D 프린터에서 이미 사용되고 있는 모터 드라이버이다.

[그림 5-35] A4988 모터 드라이버 모듈

A4988 모터 드라이버의 가장 큰 특징은 마이크로 스텝 기능을 사용할 수 있다

는 것인데, 이 기능은 스텝 모터의 회전 각도(1.8도)를 잘게 나누어 정밀하게 스텝 모터를 제어할 수 있게 해준다. 또한, 드라이버에 내장된 작은 가변저항을 통해 전류 조정이 가능하며, 과열 보호 기능을 가진다. 드라이버 전원(VDD, GND)은 3V ~ 5.5V, 모터 구동을 위한 전압(VMOT, GND)은 8V ~ 35V이며, 출력 전류는 최대 2A 이다. 그리고 주의할 점은 다른 드라이버 모듈도 마찬가지지만, 특히 A4988은 반드시 모터를 먼저 연결하고 모터에 전원을 인가해야 한다.

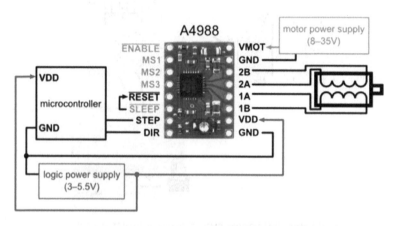

(참고: Pololu A4988 데이터 시트 (RB-Pol-176))

[그림 5-36] A4988 드라이버 모듈 연결도

아두이노와의 연결은 /ENABLE, STEP, DIR 세 핀만으로 가능하며, 마이크로 스텝을 사용하기 위해서는 MS1, MS2, MS3도 연결해야 한다.

/ENABLE의 경우 /(not)이 표기된 이유는 Active Low라는 의미이다. 즉 Low 신호일 때 동작하게 된다. 만약/ENABLE을 GND와 연결해 놓으면 STEP 신호만을 통해 모터의 회전 제어가 가능하게 된다. DIR은 모터의 회전 방향 변경을 위해 사용된다.

MS1과 MS3는 내부적으로 100KΩ의 풀다운저항을 가지며, MS2는 50KΩ의 풀다운저항을 가진다. 만약 연결하지 않으면 MS1, MS2, MS3가 LOW 신호를 가지게 되어 Full Step, 즉 마이크로 스텝 기능을 사용하지 않게 된다. 마이크로 스텝을 이용하면 스텝 모터를 부드럽게 움직이게 할 수도 있고, 정교하게 원하는 각도 제어가 가능해진다. 만약 마이크로 스텝 동작 시에 부자연스러운 회전을 할 경우에는 A4988의 내장 가변저항 조절을 통해 전류 Limit 값을 변경해 줘야 한다.

[표 5-5] 마이크로 스텝 해상도

MS1	MS2	MS3	Resolution
LOW	LOW	LOW	Full Step
HIGH	LOW	LOW	Half Step
LOW	HIGH	LOW	Quarter Step
HIGH	HIGH	LOW	Eighth Step
HIGH	HIGH	HIGH	Sixteenth Step

/RESET은 플로팅 상태이므로, 만약 사용하지 않는다면 /SLEEP 핀과 서로 연결시키도록 하자.

예제 5-17) 정/역회전 연속으로 스텝 모터를 10회 회전한다.

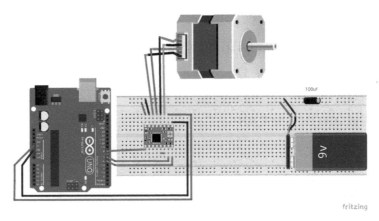

[그림 5-37] A4988 모터드라이버와 스텝 모터 연결도

```
int dir = 6;
int stepP = 7;
int enable = 8;
int count=0;
void setup() {
  pinMode(enable, OUTPUT);
  pinMode(stepP, OUTPUT);
  pinMode(dir, OUTPUT);
  digitalWrite(enable,LOW);
}
void loop(){
  count++;
  if (count>=10)  { // 10회 동작후 정지
    digitalWrite(enable,HIGH); // 10회 동작후 정지
    count=10;  // overflow 방지
  }
  else{
    digitalWrite(dir,1);  // CW
    for(int i=0; i<=200; i++){  // 한 바퀴 360/1.8 = 200
      digitalWrite(stepP, 1);
      delay(1);   // RPM 속도 조절
      digitalWrite(stepP,0);
      delay(1);   // RPM 속도 조절
    }
    digitalWrite(dir,0);  // CCW
    delay(1000);  // 1초대기
    for(int i=0; i<=200; i++){  // 한 바퀴 360/1.8 = 200
      digitalWrite(stepP, 1);
      delay(1);   // RPM 속도 조절
      digitalWrite(stepP,0);
      delay(1);   // RPM 속도 조절
```

```
    }
    delay(1000); // 1초 대기
  }
}
```

설명) dir을 1로 설정하면 CW 방향으로 회전하며, dir을 0으로 설정하면 CCW 방향으로 회전한다. for 반복문을 통해 한 바퀴(360도) 회전을 하게 되며, count 변수를 증가시켜 count가 10이 되면 enable 신호를 HIGH로 주어 모터를 disable 한다.

5.1.6. 4X4 키패드

키패드(key pad)는 계산기, 전화기 그리고 디지털 도어록(digital door lock) 등에 많이 사용되는 부품으로, 3X4, 4X4 형태로 버튼을 눌러 입력할 수 있도록 키들이 배열되어 있는 구조이다.

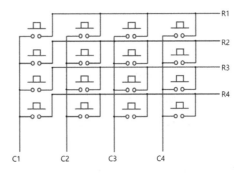

[그림 5-38] 4x4 키패드의 구조

매트릭스로 서로 연결되어 있으므로, 하나의 열에서 HIGH 신호를 출력시키고, 각 행을 스캔하며 눌려짐을 감지하고, 다시 다음 열, 또 다음 열의 각 행을 감지하는 형태로 프로그래밍된다.

예제 5-18) 4X4 키패드의 숫자 버튼(0~9), 문자 버튼(A~D), 특수문자(*,#)로 할

당하고 눌려진 버튼에 따라 임의의 다른 동작이 되도록 구성한다.

- 아두이노의 5번~2번 핀까지를 col 1 ~ col 4까지 연결
- 아두이노의 6번~9번 핀까지를 row 1 ~ row 4까지 연결

```
const int row=4; // 4행
const int col=4; // 4열
const int rowpin[row]={6,7,8,9}; // row 1~4
const int colpin[col]={5,4,3,2}; // col 1~4
char keys[row][col] = { // key 할당
  {'1','2','3','A'},
  {'4','5','6','B'},
  {'7','8','9','C'},
  {'*','0','#','D'}
};


void setup() {
  Serial.begin(9600);
  pinMode(13,OUTPUT);
  for(int i=0; i<row; i++){
    pinMode(rowpin[i], INPUT_PULLUP); // row 핀 INPUT_PULLUP으로 설정
  }
  for(int i=0; i<col; i++){
    pinMode(colpin[i], OUTPUT); // col 핀들 OUTPUT으로 설정
  }
}

void loop() {
  char key = get_key();
  if(key != 0){ // 키가 입력되면
    switch (key) {
```

```
        case '0' : Serial.println("0 Pressed");
                   break;
        case '1' : Serial.println("1 Pressed");
                   break;
        case '2' : Serial.println("2 Pressed");
                   break;
        case '3' : // 원하는 코드 삽입 // fall through
        case '4' : // 원하는 코드 삽입 //
        case '5' : // 원하는 코드 삽입 //
        case '6' : // 원하는 코드 삽입 //
        case '7' : // 원하는 코드 삽입 //
        case '8' : // 원하는 코드 삽입 //
        case '9' : Serial.println("3~9 Pressed");
                   break;
        case '*' : digitalWrite(13,1); // * 눌려지면 13번 LED On
                   break;
        case '#' : digitalWrite(13,0); // # 눌려지면 13번 LED Off
                   break;
        default : Serial.println("You pressed the alphabet"); // 영문자 경우
                   Serial.println(key);
      }
    }
  }
}

char get_key(){
  char key=0;
  for(int c=0; c<col; c++){
    digitalWrite(colpin[c], LOW); // 각 열을 순차적으로 LOW 출력(열 감지 시작)
    for(int r=0; r<row; r++) {
      if(digitalRead(rowpin[r]) == LOW) { // 각 행을 스캔하며 눌려짐 검출
        delay(50);  // 채터링 방지
```

```
        while(digitalRead(rowpin[r]) != HIGH) {;} // 키 변경 시까지 대기
        key = keys[r][c]; // 눌려진 행과 열에 해당하는 문자를 key에 대입
      }
    }
    digitalWrite(colpin[c],HIGH); // 각 열을 순차적으로 HIGH 출력(열 감지 종료)
  }
  return key;  // key값 반환
}
```

설명) keys의 2차원 배열에 0~9까지의 숫자와 A~D의 문자, 그리고 *와 #을 할당한다. 위의 프로그램에서 0행은 {'1', '2', '3', 'A'}이 된다. 각 row 핀들은 INPUT_PULLUP으로 설정하여 내부 풀업을 이용하며, 각 col 핀들은 OUTPUT으로 설정한다. get_key()라는 함수를 만들어 각 열을 LOW로 순차적으로 만들고, 매 열마다 각 행(row)이 눌려졌는지를 확인한다. 각 키가 눌려지면, 풀업 연결이므로 LOW로 변경된다. 눌려진 키가 해제 될때까지 while()문에서 대기하며, 해제되면 현재의 행과 열에 해당하는 keys에 할당된 문자를 key에 대입한다.
loop() 함수에서는 switch문을 이용하여 임의의 동작을 수행한다. 문자 '3'~'9'까지는 break를 제거하여 동일한 결과가 실행된다.

예제 5-19) 예제 5-18에서 '*'가 눌려지기 전까지 입력받은 숫자 키들을 하나의 문자열로 저장하고, 이 문자열을 숫자로 변경한다. 예를 들어 '1', '2', '3'의 순서로 받아지면, '123'의 문자열로 변경 후 123이라는 숫자로 변경하자.

```
String data = "";
int num;
~~~~~~~~~~~~~~~~~
setup() 함수와 get_key() 함수는 예제 6-1 프로그램과 동일
~~~~~~~~~~~~~~~~~
void loop() {
  char key = get_key();
```

```
    if(key != 0){ // 키가 입력되면
      switch (key) {
        case '0' :
        case '1' :
        case '2' :
        case '3' :
        case '4' :
        case '5' :
        case '6' :
        case '7' :
        case '8' :
        case '9' : data=data+key ;
                  break;
        case '*' : Serial.print(data+3); // 문자열에 3을 더한 경우 출력 확인
                  Serial.write(9); // 아스키코드 9 = tab
                  num = data.toInt(); // String을 숫자로 변경
                  Serial.println(num+3); // num 변수에 3을 더한 경우 확인
                  data=""; // data 초기화
                  break;
        default : Serial.println("You pressed the alphabet"); // 영문자 경우
                  Serial.println(key);
      }
    }
}
```

설명) loop()에서 '0'~'9'까지 문자가 입력되면, data라는 String형에 '+' 연산자를
이용하여 결합한다. '*'가 입력되면 누적된 data 문자열을 toInt() 함수를 이용하
여 숫자로 변경한다. 만약 1235라고 입력 후 '*'를 누른 경우 시리얼 모니터에는
문자열인 data에 3을 더한 경우인 12353과, toInt()로 변경되어 3이 더해진 1238이
출력된다.

문자열에 정수형 숫자를 더하더라도 문자열로 변경된다는 것을 확인할 수 있다.

int() 형의 최대 범위 이상의 숫자에서는 overflow가 발생된다.

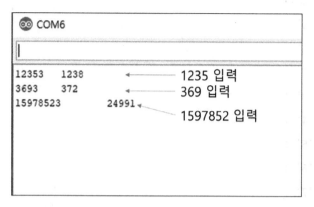

[그림 5-39] 문자열과 정수의 비교

keypad 역시 라이브러리가 존재한다. 아래의 주소에서 keypad.zip을 다운받아 사용하면 간단히 눌려진 키를 확인할 수 있다.

https:// playground.arduino.cc/Code/Keypad/

Arduino Control

CHAPTER 6

프로젝트에 도움이 되는 모듈과 기법

프로젝트에 도움이 되는 모듈과 기법

6.1 2축 조이스틱

SONY사에서 만든 콘솔 게임기의 조이스틱을 본 적이 있는가? 2차원 X-Y축의 핸들을 이용하여 TV 속의 게임 캐릭터를 조정할 수 있다.

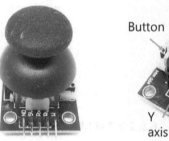

Button

Y axis   X axis

[그림 6-1] 2축 조이스틱 모듈

이 조이스틱을 이용하면 게임 속의 캐릭터뿐만이 아니라, 모바일 로봇(궤도형, 바퀴형) 역시 간단하게 제어된다. 위의 오른쪽 그림을 자세히 들여다보자. 조이스틱 모듈은 2개의 10KΩ 가변저항과 1개의 버튼으로 구성되어 있으며, 핸들의 위치를 변경하면 기구적으로 각 축(X, Y)에 연결된 가변저항의 저항값이 변경되어 각 축의 변위를 알 수 있는 구조이다.

이번 절에서는 간단한 2축 조이스틱의 사용법과 구글링을 통해 쉽게 다운받을수 있는 시리얼 통신 프로그램을 활용하여 아두이노에서 출력하는 데이터들을 저장(TXT)하려 한다. 그 후 엑셀에서 저장된 데이터를 이용하여 차트를 만들어 보자.

6.1.1 아두이노의 출력 데이터 저장과 그래프로 표현

아두이노의 시리얼 모니터로는 Serial.print() 함수를 이용하여 출력한 데이터의 저장이 어렵다. 그래서 네이버나 구글을 통해 시리얼 통신 프로그램을 다운받아 사용하자. 본 책에서는 WITHROBOT에서 무료로 제공하는 시리얼 통신 프로그램인 comportmaster를 설치하여 사용한다.

(down 위치 – WITHROBOT 홈페이지의 고객지원 –〉 기술자료)

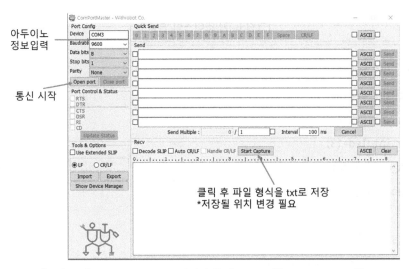

[그림 6-2] comportmaster 시리얼 통신 프로그램(WITHROBOT 社)

시리얼 통신 프로그램(comportmaster)과 아두이노 스케치의 시리얼 모니터를 동시에 사용할 수 없다는 점에 주의하자.

예제 6-1) 그림과 같이 vertical(VRy)을 A0, Holrizontal(VRx)를 A1에 연결하여, 각 축의 회전에 대한 변위를 엑셀에서 그래프로 표현하자.

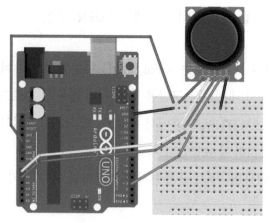

[그림 6-2] 조이스틱 연결도

```
const int but=3;
const int vry=A0;
const int vrx=A1;
const int led=13;
int x_data,y_data;
boolean but_f;

void setup() {
  pinMode(but, INPUT_PULLUP);
  pinMode(led, OUTPUT);
  Serial.begin(9600);
}
void loop(){
  x_data = analogRead(vrx);
  y_data = analogRead(vry);
  but_f=digitalRead(but); // 평상시 HIGH, 눌려지면 LOW
  if(but_f == LOW) digitalWrite(led, HIGH); // 버튼이 눌려지면
  else digitalWrite(led, LOW);

  Serial.print(x_data);
```

```
   Serial.write(9); // 아스키코드 9 = HORIZONTAL TAB
   Serial.println(y_data);
   delay(100);
}
```

설명) 먼저 시리얼 모니터로 두 축의 데이터를 확인해 보면, 조이스틱이 중앙에 위치할 때 512 근처의 데이터로 출력될 것이다. 조이스틱의 핸들을 눌러보면 13번에 연결된 LED가 On 되는 것을 확인할 수 있다.

이제 시리얼 모니터를 끄고, comportmaster에서 아두이노가 연결된 포트와 통신 속도를 설정하고, Open port를 클릭하면 데이터가 수신되는 것을 확인할 수 있다. Start capture를 클릭하여 joystick이라는 파일명과 txt 확장자로 저장하고, 적당히 몇 바퀴 회전시킨 후 Stop capture를 클릭하여 저장을 종료하자.

엑셀을 실행시켜, joystick.txt 파일을 드래그하여 엑셀 위에 놓으면 A, B열에 각각 X축 데이터와 Y축 데이터가 표시된다. A, B열을 모두 선택한 후 엑셀의 메뉴 중 삽입 탭에 있는 차트를 클릭하면, 다음과 같은 그래프를 얻을 수 있다.

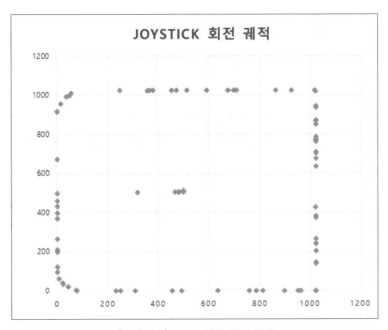

[그림 6-3] 조이스틱의 회전 궤적

조이스틱 핸들을 원형의 테두리에 밀착시켜 원 궤적으로 회전시켰지만, 그래프의 결과는 원의 궤적이 아닌 비선형 궤적임을 확인할 수 있다. 가장 큰 요인으로는 조이스틱 핸들의 기구적 특성 때문이지만, 가변저항의 비선형 특성도 한 요인이 된다. 따라서 이 모듈의 조이스틱으로는 일반적인 제어는 가능하지만, 정밀 제어가 필요한 곳에서는 홀센서를 이용한 조이스틱이나 고가의 정밀 가변저항이 부착된 조이스틱을 이용해야 한다.

6.2 초음파 센서

거리 감지와 장애물 유무 판단을 위해 가장 흔히 사용되는 센서는 초음파 센서와 레이저 센서이다. 레이저를 이용하는 거리 감지 센서는 정확도가 높고 계측 거리도 수십 미터에 달하지만, 초음파에 비해 고가이며 투명 물체(유리)는 인식하기 어려운 단점이 있다. 초음파 센서는 저렴한 가격과 간단한 프로그램으로 대상체와의 거리를 측정할 수 있지만, 온도에 민감하고 감지 최대 거리가 3~4m로 짧은 단점이 있다.

초음파는 가청 주파수 이상의 높은 진동수를 갖는 소리를 말한다. 이런 초음파를 이용하는 동물 중에는 박쥐, 돌고래 등이 있으며, 초음파를 이용하는 시스템에는 어군 탐지기인 소나 또는 초음파 세척기가 대표적이다.

초음파 센서는 수신부와 발신부로 구분되는데, 발신부(TRIG)에서는 피에조 효과를 이용하여 초음파를 발사시킨다. 수신부(ECHO)는 대상체(장애물)에 부딪혀 돌아온 초음파를 수신할 수 있으며, 발신 시간과 수신 시간의 차이를 이용하여 거리를 측정할 수 있다.

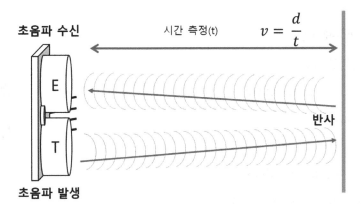

[그림 6-4] 초음파 센서로 거리 계산

음파의 속도는 매질과 온도에 따라 틀리다. 동일한 기준(0℃, 1기압)에서는 공기가 331m/s로 정도의 비행속도를 가지고, 바닷물에서는 1533m/s로 공기에 비해 약 4.6배 빠르게 이동한다. 온도 센서와 같이 이용하면, 아래의 식을 이용하여 정확한 거리 측정이 가능하다.

v = 331 + 0.6t (t는 온도)

속도는 거리에 단위 시간을 나누어(v = d / t) 계산할 수 있는데, 음파의 속도는 정해진 값이므로, 시간 정보만 알 수 있다면 장애물 사이의 거리를 계산할 수 있다. 이때 주의할 점은 아두이노로 계측한 시간에 대한 정보는 음파의 왕복 거리에 대한 값이므로 반으로 나누어줘야 된다.

우리가 살펴볼 초음파 센서는 HC-SR04 모델로 스펙은 아래와 같다.

- 입력 전압: +5V DC

- 소비 전류: 15mA

- 측정 가능 거리: 2cm~400cm

- 해상도: 0.3cm

- 측정 각도: 30°

- 트리거 입력 펄스 간격: 10uS

- 크기: 45mm x 20mm x 15mm

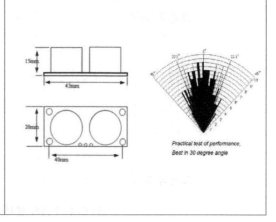

참고로 초음파 센서 선정 시 해상도와 음파 도달 거리뿐만 아니라 측정 가능한 각도(beam angle)도 고려해야 한다. 거리 측정을 위해서는 좁은(narrow) 각도를 가지는 초음파를 선택하는 것이 유리하고, 장애물 감지 시는 넓은(narrow) 각도가 유리하다.

HC-SR04의 경우 충분한 음압 발생을 위해 최소한 10us 동안 5V를 유지해야 하며, 이를 통해 8싸이클의 버스트 음파가 생성되고 이때부터 ECHO 신호는 HIGH가 발생된다. 비행 후 장애물 또는 계측 대상에 부딪혀 되돌아오면, ECHO 신호는 LOW로 변하게 되는데, ECHO 신호의 HIGH 구간 동안의 시간을 pulseIn 함수를 이용하여 구하면 된다.

pulseIn(pin, HIGH / LOW):

pulseIn(pin, HIGH / LOW, timeout)

기능: 지정한 핀이 HIGH 또는 LOW 동안 머물러 있는 시간을 microseconds 단위로 반환

pulseIn() 함수에서 HIGH(또는 LOW)로 설정 시 해당 핀이 HIGH(또는 LOW)가된 순간부터 LOW로 레벨이 변경될 때까지의 시간을 최소 10us부터 최대 3분까지측정할 수 있다.

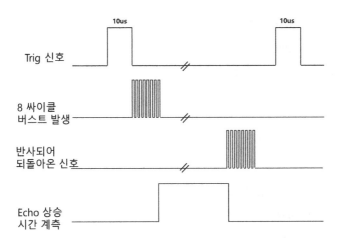

[그림 6-5] 초음파 센서의 타이밍 차트

예제 6-2) 초음파 센서를 이용하여 측정 대상과의 거리를 계측한다.

(Echo-pin2, Trig-pin3)

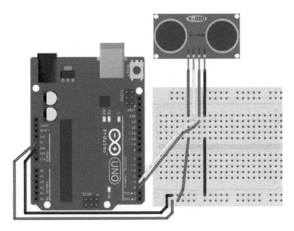

[그림 6-6] 초음파 센서의 연결도

```
#define ECHO 2 // echo 2번 연결
#define TRIG 3  // trig  3번 연결
#define CAL 58.3  // 거리 계산(Cm 단위)
void setup() {
  pinMode(TRIG, OUTPUT);  // trig는 OUTPUT 설정
```

```
  pinMode(ECHO, INPUT);    // echo는 INPUT 설정
  Serial.begin(9600);
  digitalWrite(TRIG, LOW);
}


void loop() {
  long distance;
  digitalWrite(TRIG, HIGH);
  delayMicroseconds(10);    // 음압 발생을 위해 10us 동안 HIGH 유지
  digitalWrite(TRIG, LOW); // TRIG LOW
  distance =  pulseIn(ECHO, HIGH)/CAL; // 거리 계산(Cm 단위)
  Serial.print( "Distance = " );
  Serial.println(distance);
}
```

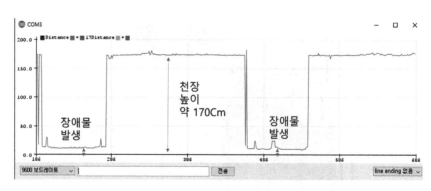

[그림 6-7] 예제 6-2의 결과

설명) 테스트 환경을 20도로 가정하면, 음파의 속도는 343m/s가 된다. pulseIn()
함수는 us 단위로 반환하므로, 모든 계산에서 Cm와 초(second)로 단위로 일치시
킬 필요가 있다.

distance(cm) = 비행시간(us) * 343(m/s) / 2이므로,
distance(cm) = 비행시간(s) / 1,000,000 * 17,150(cm)이 되고, 17,150 /

1,000,000 = 0.01715가 된다. pulseIn()을 통해 획득된 데이터에 0.01715의 값을 곱해 주거나. 58.3(1/0.01715)을 나누어 주면 단위가 통일된 거리값이 구해진다.

만약 단순한 거리 계산 시스템은 위와 같이 프로그래밍을 해도 문제되지 않는다. 하지만 초음파 센서의 거리 계측과 동시에 모터를 제어해야 되거나, 통신을 해야 되는 경우, 또는 다수 개의 초음파 센서를 사용하는 경우는, pulseIn() 함수의 특성상 초음파와 피대상체 사이의 거리가 먼 경우 최대 1초간 지연되게 된다. 이를 방지하기 위해서는 pulseIn() 함수에 timeout 시간을 지정해야 된다. 아래의 예제를 참고하자.

예제 6-3) 2개의 초음파 센서를 사용하여 각각 50Cm 이내에 장애물이 감지되면 LED를 점등한다.

(Echo1-pin2, Trig1-pin3, Echo2-pin4, Trig2-pin5, LED1-PIN6, LED2-PIN7)

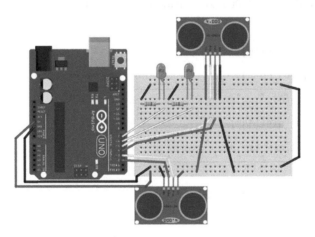

[그림 6-8] 두 개의 초음파 센서 연결도

```
#define DIST_S 200*58.3 // 200cm로 제한
#define OBS_D 50    // 감지 기준 50Cm
const int echo[2]={2,4}; // 초음파 1, 2번의 echo 핀
const int trig[2]={3,5}; // 초음파 1, 2번의 trig 핀
const int led[2]= {6,7}; // led 1,2번
```

```
void setup() {
  Serial.begin (9600);
  for (int i=0; i<=1; i++){
    pinMode(echo[i],INPUT);
    pinMode(trig[i],OUTPUT);
    pinMode(led[i],OUTPUT);
  }
}
void loop() {
  long dist[2];
  for(int i=0; i<=1; i++){
    dist[i] = trig_ultra(trig[i],echo[i]);
    if(dist[i] <= OBS_D)  digitalWrite(led[i], 1);
    else if(dist[i] > OBS_D)   digitalWrite(led[i], 0);
  }
  Serial.print(dist[0]);
  Serial.print("cm");
  Serial.write(9); // tab
  Serial.print(dist[1]);
  Serial.println("cm");
  delay(50);
}

long trig_ultra(int trig,int echo) {
  long dist;
  digitalWrite(trig, LOW);
  delayMicroseconds(2);
  digitalWrite(trig, HIGH);
  delayMicroseconds(10);  // 음압 발생을 위해 10us 동안 HIGH 유지
  digitalWrite(trig, LOW);
```

```
    dist = pulseIn(echo, HIGH, DIST_S)/58.3;
    if(dist==0) dist= 200; // timeout일 경우 200으로 제한
    return(dist);
}
```

설명) 두 개 이상의 초음파 센서를 이용할 경우 프로그램 라인의 길이가 길어질
수 있으므로 함수와 배열을 이용하여 구성하였다. pulseIn() 함수에 timeout 인자
를 200Cm (200*58.3)로 명시하여 200Cm 이상의 거리는 고려하지 않기로 한다.
200Cm 이상에서는 반환되는 값이 0이 되므로 이 값을 200으로 변경해 주도록 한
다. 참고로 여러 개의 초음파 센서를 이용할 때는 초음파 센서 사이의 간격 또는
각도에 주의해야 한다. 센서 간의 간격이 좁으면, 인근 초음파 센서의 음파가 잘
못 수신되는 간섭 현상이 발생할 수 있다.

6.3 라이다(Lidar) 모듈

　Lidar는 Light Detection And Ranging의 약자로 "빛"을 이용하여 주변의 장애물
과의 거리를 인식하는 장치이다. 초음파 센서와 역할은 비슷하나, 여러 가지 특징
에서 차이가 있다. 우선 Lidar는 Laser를 사용하므로 음파의 속도와는 비교가 안 될
속도로 비행하게 되며(3 X $10^{.8}$ m/s) 직진성이 우수한 좁은 빔폭과 초음파의 수십
배에 달하는 계측 거리가 장점이다.

　Lidar의 원리는 초음파와 유사하다. Laser를 쏘고, 장애물에 반사되어 되돌아오는
시간을 측정하면 된다. 레이저 광원은 250nm부터 11um까지의 영역에서 특정한 파
장을 가지는 것이 일반적이며, 파장 가변이 가능한 레이저도 일부 있다.

　도플러 효과에 의한 레이저 빔의 주파수 변화를 측정하는 도플러(Doppler) 라이
다와 공간에 대한 영상 모델링이 가능한 이미징(imaging) 라이다 등도 있으며, 1차
원의 정보가 아닌 2차원, 3차원 정보를 제공하는 2D, 3D Scanner도 존재한다.

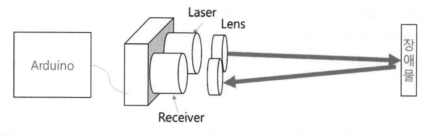

[그림 6-9] Lidar의 원리

본 책에서는 1차원 Lidar를 사용하며, 이미지와 스펙은 아래와 같다.

• 입력 전압: +5V DC (최대 6V) • 소비 전류: 105mA • 측정 가능 거리: 5cm ~ 40m • 해상도: 1Cm • 정확도: +/− 2.5Cm (@ 1m 이상) • 통신방식: I2C 또는 PWM • 크기: 40mm x 48mm x 20mm • 파장: 905nm	

참고로 이 제품의 경우 다음의 링크를 통해 아두이노 라이브러리를 다운받을 수 있다. (https:// github.com/garmin/LIDARLite_Arduino_Library)

Lidar는 PWM과 I2C의 두 가지 통신 방식을 지원하지만, 본 책에서는 pulseIn() 함수를 이용하는 PWM을 통해 대상체와의 거리를 계측하기로 한다.

I2C의 경우 SCA, SDA 두 핀을 아두이노와 연결해야 되며, PWM의 경우는 mode 핀을 아두이노의 디지털 입력 핀 중 하나에 연결하면 된다. 이때 mode 핀의 유휴 상태에서는 매우 높은 임피던스를 가지게 되므로, bus 간에 충돌을 방지하기 위해 1KΩ의 종단 저항이 연결되어야 함에 주의하자.

예제 6-4) Lidar 시스템의 PWM 방식을 이용하여 측정 대상과의 거리를 측정한다.

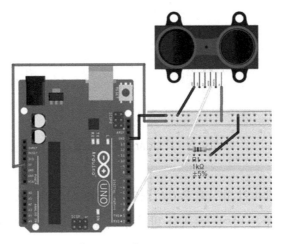

[그림 6-10] Lidar 연결도

```
unsigned long dis;


void setup()  {
  Serial.begin(9600);
  pinMode(2, INPUT);
}
void loop() {
  dis = pulseIn(2, HIGH); // 마이크로세컨즈 단위로 계측
  if(dis != 0)  { // dis가 0이 아니면 보상하여 출력
    dis = dis / 10; // 10us = 1 cm of distance for lidar
    Serial.println(dis);
  }
  delay(50);
}
```

설명) Lidar의 경우 초음파로 거리를 계측하는 것보다 간단하다. 그 이유는 Lidar 안
에 마이크로 컴퓨터가 내장되어 있어서, mode 핀을 Low(GND)로 인가하면 트리거
되고, 측정된 거리는 10us/cm에 비례하는 펄스 폭으로 mode Line을 HIGH로 변경
시키므로, pulseIn() 함수로 HIGH 구간 동안만 측정하면 거리값을 산출할 수 있다.

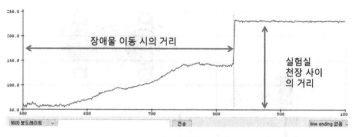

[그림 6-11] Lidar 거리 계측 결과

참고로 Lidar와 발음이 유사한 Radar(레이더)라는 시스템도 있으며, 레이더는 전자기파 중 파장이 짧은 마이크로파를 발사하고, 반사되어 되돌아오는 시간을 계측하는 시스템이다.

6.4 PIR 센서

PIR 센서는 Passive Infrared Sensor로 적외선을 감지하는 센서이다. PIR 모듈마다 사양이 틀리므로, PIR 센서를 적용하고자 하는 시스템을 고려하여, 감지 시 HIGH 또는 LOW로 출력을 유지하는 시간, 출력 전압, 감지 거리, 감지 각도 등을 검토하며 선택해야 한다.

Fresnel 렌즈

[그림 6-12] PIR 센서 모듈

PIR 센서의 경우 사람이나 동물, 또는 열을 발생하는 물체의 움직임을 적외선으로 감지하여 출력을 발생시키고, 대상체가 동일한 장소에 있더라도 만약 움직임이 사라지면 더 이상의 출력은 발생되지 않는다. 흔히 아파트 현관이나 공공장소의 화장실 등에서 사용되고 있다.

　감지 원리는 적외선에 반응하는 두 개의 다른 슬롯에 적외선이 감지되면 두 개의
슬롯은 양(positive)의 차동(differential) 변화가 발생되고, 감지에서 벗어나게 되면
반대로 음(positive)의 차동 변화가 발생된다. 사실 PIR 센서의 감지 거리는 일반적
으로 상당히 짧고, 외란에 노출되어 있으면 오감지도 많이 발생하게 된다. 이러한
단점을 극복하기 위해 6각형 벌집 모양이 다수 개로 모여 구형을 이루고 있는 커버
를 사용하는데, 이 커버가 Fresnel(프레즈넬) 렌즈이다. 흔히 F-Lens라고도 부르며,
감지 거리를 수십~수백 배 확장할 수 있다.

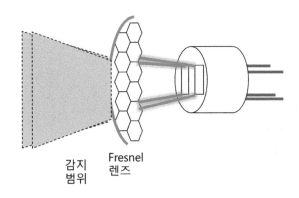

[그림 6-13] PIR 센서 원리

일정 수준(Threshold) 이상에서 감지되며, 소비 전력은 매우 낮은편이다.

예제 6-5) PIR 센서로 물체가 감지되면, 아두이노 13번의 LED를 On 한다.

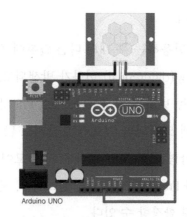

[그림 6-14] PIR 센서 연결도

```
const int pir=7;

const int led=13;

int p_data;


void setup() {

  pinMode(pir, INPUT);

  pinMode(led, OUTPUT);

  Serial.begin(9600);

}

void loop(){

  p_data = digitalRead(pir);

  if(p_data == HIGH) {

    digitalWrite(13, HIGH);

    Serial.println("detect");

  }

  else {

    digitalWrite(13, LOW);

    Serial.println("no onject");

  }

}
```

설명) PIR 모듈마다 특성이 틀리지만, 본 책에서 다룬 PIR 모듈은 감지되면 3초간 HIGH를 유지한다. 따라서 PIR 센서에서 물체가 감지되면 p_data가 3초간 HIGH가 되어, 13번의 LED를 On 하며 동시에 시리얼 모니터 창에 "detect"라고 출력한다.

6.5 가속도 센서(ADXL335 Module(GY-61))

가속도는 속도가 단위 시간당 얼마나 변화하는가를 나타내는 벡터양으로, 가속도를 한 번 적분하면 속도, 또 다시 적분하면 거리가 계산된다. 가속도 정보로 적분을 통한 속도, 거리로 환산 시에는 정확한 프로그래밍의 주기 계산(샘플링 타임)이 필요로 하며, 작은 오차라도 시간이 지나면 오차들이 누적되어 구하고자 하는 물리량이 발산된다. 따라서 자이로 센서(회전각 측정)와 혼합하고, 필터링하여(흔히 칼만필터 이용) 사용되며, 단독 사용 시에는 진동/충격 측정, 그리고 회전각 측정 등에 사용된다.

본 책에서는 저렴하고, 비교적 사용이 용이한 ADXL335 3축(X, Y, Z) 가속도 센서를 이용한다.

- 입력 전압: 3 ~ 5 V
- 소비 전류: 350uA
- 민감도(X/Y/Z): 270/300/330 mdps
- 측정 범위: +/- 3.6 g
- 동작 온도: -40 ~ 85 ℃

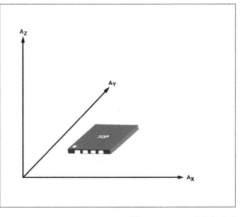

(참고: ADXL335 데이터 시트)

이 센서는 각 축에서 측정된 값들을 아날로그 값으로 출력해 주므로, 아두이노의 아날로그 입력핀에 연결해야 한다.

예제 6-6) 가속 도센서의 X, Y, Z축을 아두이노의 A0, A1, A2에 각각 연결하고
가속도 센서의 움직임에 따른 변화를 관찰한다.

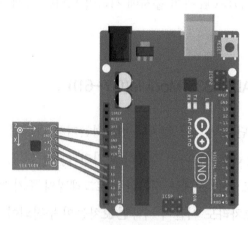

[그림 6-15] 아두이노와 GY-61 연결도

```
const int x = A0, y = A1, z = A2 ;
void setup(){
  Serial.begin(9600);
  while(!Serial); // 통신이 연결되면 TRUE 반환
  Serial.println("x,y,z"); // 시리얼 플로터 이용시 네임 태그 역할
}
void loop() {
  int xval = analogRead(x); // x축 중력 가속도 정보
  delay(1); // AD 변환을 위함
  int yval = analogRead(y); // y축 중력 가속도 정보
  delay(1);
  int zval = analogRead(z); // z축 중력 가속도 정보
  delay(1);
  Serial.print(xval);
  Serial.print(','); // 데이터 사이를 ','으로 구분
  Serial.print(yval);
  Serial.print(','); // 데이터 사이를 ','으로 구분
  Serial.println(zval);
```

```
    delay(100);
}
```

설명) 가속도 센서의 X, Y, Z 핀을 아두이노 A0부터 A2까지에 각각 연결하고, analogRead()를 이용하여 각 축의 데이터를 시리얼 모니터에 출력하였다. X, Y 축은 0G에서 350 부근을 나타내며, Z축은 1G로 426 정도로 출력된다.

```
⊙⊙ COM4
┌──────────────────────────────────┐
│                                  │
├──────────────────────────────────┤
│ 351,347,426                      │
│ 352,347,426                      │
│ 351,347,427                      │
│ 351,347,426                      │
│ 352,347,425                      │
│ 351,348,426                      │
│ 352,348,426                      │
│ 351,348,426                      │
│ 352,347,426                      │
│ 351,347,426                      │
│ 351,348,426                      │
│ 351,348,426                      │
│ 351,348,425                      │
│ 351,347,425                      │
│ 350,348,426                      │
├──────────────────────────────────┤
│ ☑ 자동 스크롤  □ 타임스탬프 표시        │
└──────────────────────────────────┘
```

분리된 센서의 값들을 출력할 때는 이전에 소개한 시리얼 플로터가 유용하다.

다만, 시리얼 플로터로 확인 시에 3개의 차트 중에 어느 것이 x축인지 또는 y, z 축인지에 대한 이름을 네임태그로 작성해 주는 것이 유리한데, 이는 setup() 함수에서 최초 1회 Serial.println("x, y, z")를 통해 가능해진다. loop() 함수에서 ','와 줄 변경으로 구분된 3개의 데이터 중 첫 번째 데이터가 x이고, 그다음이 y, z라는 것을 알려주게 된다.

아래의 두 차트는 y축을 기준으로 회전시킨 것과 x축을 기준으로 회전시킨 것이다.

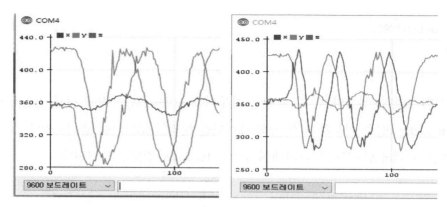

[그림 6-16] 가속도 센서 축 방향으로의 회전(좌 : Y축, 우 : X축)

x, y축 회전 시에 회전시킨 축의 데이터와 z축 데이터가 크게 변동된다. 다만, 가속도 센서와 같이 센서값이 노이즈나 외란에 민감하게 반응하는 센서들은 필터를 취하여 사용하는 것이 바람직하다. 커패시터와 저항을 이용한 RC 필터로 로우패스(low-pass) 필터를 만들 수도 있지만 프로그램에서 센서의 값들을 평균을 취하여 사용하는 것도 좋다.

6.5.1 평균과 이동평균

평균(average)과 이동평균(Moving average)에 대해 살펴보자.

평균은 데이터의 전체 합에 데이터의 개수로 나눈 값을 의미한다. 물론 이런 산술 평균 이외에도 기하평균, 조화평균 등도 경우에 따라선 도움이 될 수 있지만, 이 책에서는 산술평균과 이동평균을 비교하여 설명한다.

예제 6-7) 1에서 10 사이의 무작위 수들을 생성시키고 이 수들이 다섯 개 모일 때마다 평균을 취해 보자.

```
#define NUM 5
void setup() {
    Serial.begin(9600);
```

```
    while(!Serial); // 통신이 연결되면 TRUE 반환
    Serial.println("start");
}
void loop() {
    int sum=0;
    for(int i=0; i<NUM; i++){ // 5개의 데이터의 합을 위해 반복문 이용
      int data = random(1,11); // 최소 1, 최대 10
      Serial.print(data);
      Serial.print(',');
      sum+=data; // 5개의 데이터의 합
    }
    Serial.print("average = ");
    Serial.println(sum/5.0); // 평균
}
```

설명) loop 속에서 for 반복문을 이용하여 1에서 10 사이의 무작위를 생성하고, 이 데이터들을 sum이라는 변수에 누적 합산한다.

평균만으로도 충분히 노이즈를 필터링할 수 있다. 그리고 다섯 번이 아닌 더 많은 숫자로 평균하여 사용한다면 더욱 안전하게 시스템을 제어할 수 있지만, 값이 모일 때까지 기다릴수 없는 시스템에서는, 또는 추세를 빠르게 추종해야 되는 시스템에서는 적합하지 못하다. 이때 사용할 수 있는 것이 바로 이동평균이다.

이동평균은 FIFO(First In First Out) 구조로, 시간 순서대로 획득된 데이터들을 일정 항 수의 평균값을 연결하여 경향성을 구하는 방법이다. 이 문장이 이해하기 어렵다면, 아래의 예를 통해 이해해 보자.

예제 6-8) 예제 6-7를 이동평균을 이용하여 출력해 보자.

```
// 방법 1
#define NUM 5
int val[NUM];
void setup() {
    Serial.begin(9600);
    while(!Serial); // 통신이 연결되면 TRUE 반환
    Serial.println("start");
}
void loop() {
    float avg = moving_avg();
    Serial.print("average = ");
    Serial.println(avg); // 평균 출력
    delay(100);
}
float moving_avg(){
    float sum=0;
    val[NUM-1] = val[NUM-2]; // val[4] = val[3]
    val[NUM-2] = val[NUM-3]; // val[3] = val[2]
    val[NUM-3] = val[NUM-4]; // val[2] = val[1]
    val[NUM-4] = val[NUM-5]; // val[1] = val[0]
    val[NUM-5] = random(1,11); // val[0] = data;
    for(int i = 0; i<NUM; i++) {
        sum+=val[i]; // 5개의 데이터의 합
    }
    Serial.print(val[NUM-5]);
    Serial.print(',');
    return sum/NUM;
}
```

설명) 앞서 설명한 함수의 종류중 인자와 반환값이 있는 유형으로, moving_avg() 라는 함수를 호출하면 평균값을 반환시켜 avg라는 변수에 대입된다. val 이름의 1

차원 배열에 차곡 차곡 쉬프트되어 저장되며, 새로운 데이터가 들어오고, 오래된 데이터가 제거되는 형태가 된다.

예를 들어, 5, 8, 6, 3, 5, 9, 7로 데이터가 들어오는 경우를 가정해 보면, val 배열에는 아래와 같이 저장된다.

변수 \ 순번	1	2	3	4	5	6	7
val[4]	0	0	0	0	5	8	6
val[3]	0	0	0	5	8	6	3
val[2]	0	0	5	8	6	3	5
val[1]	0	5	8	6	3	5	9
val[0]	5	8	6	3	5	9	7

위의 프로그램은 조금 더 간단하게 아래와 같이 일반화할 수 있다.

아래의 방법은 5개의 데이터 합에서 매번 가장 오래된 데이터를 제거하는 방법으로 1번 방법보다는 이해하기 쉽다.

```
// 방법 2
#define NUM 5
int val[NUM];
float sum;
int id;
void setup() {
  Serial.begin(9600);
  while(!Serial); // 통신이 연결되면 TRUE 반환
  Serial.println("start");
}
void loop() {
  float avg = moving_avg(random(1,11)); // 1~10 사이의 값을 인자로 전달
  Serial.print("average = ");
```

```
  Serial.println(avg);
  delay(100);
}
float moving_avg(int data){
  sum = sum - val[id];   // 데이터의 합에서 가장 오래된 데이터 제거
  val[id] = data;        // val 배열에 data 저장
  sum = sum + val[id];   // 데이터의 합 구하기
  id = id+1;             // index 증가
  if(id >= NUM) id = 0;  // 최대 index까지 증가 시 0으로 초기화
  return sum / NUM;
}
```

그럼 이제 필터링을 거친 데이터와 필터링을 하지 않은 원래의 데이터를 비교해
보자.

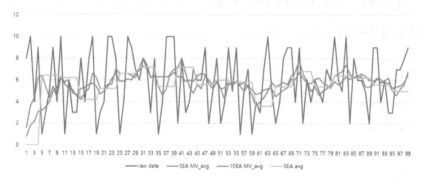

[그림 6-17] 필터 비교
(좌측부터 - 원래의 데이터, 이동평균(5개), 이동평균(10개), 평균(5개))

위의 그림에서 확인할 수 있듯이, 원래의 데이터보다는 필터를 거친 데이터들이
변화의 폭이 작다. 단순 평균 데이터들은 이동평균에 비해 데이터의 변화에 둔감하
게 반응하게 되며, 이동평균끼리 비교를 하더라도, 보다 많은 데이터들을 이용한
경우가 민감하게 반응하지 못하게 된다.
   정리하면, 센서로 획득되는 데이터는 평균을 취하여 사용하는 것이 바람직하며,

평균 중에서도 적절한 개수를 이용한 이동평균이 원래의 데이터의 추세를 반영할 수 있으므로 제어하고자 하는 시스템에 효과적으로 이용될수 있다.

예제 6-9) x, y, z축 모두 필터링하여 가속도 센서로부터의 모든 축의 데이터가 스무딩(smoothing) 되었음을 확인한다.

```
#define NUM 4  // moving avg 할 항의 개수
#define AXIS 3  // x,y,z 3축
int val[AXIS][NUM]; // 2차원 배열의 val 변수 생성 val[3][4]
float sum[AXIS],avg[AXIS];
int id;
void setup() {
  Serial.begin(9600);
  while(!Serial); // 통신이 연결되면 TRUE 반환
  Serial.println("x,y,z"); // t
}
void loop() {
 for(int i=0; i<3; i++) {
    moving_avg(i,analogRead(i+14)); // 각 축의 번호와 가속도 센서값 전달
    delay(1);
 }
  for(int i=0; i<3; i++){
   Serial.print(avg[i]);
   if(i!=2)   Serial.print(',');
   else    Serial.write(10);   // 줄 변경 (LF = 10)
  }
  delay(100);
}

void moving_avg(int axis, int data){
  sum[axis] = sum[axis] - val[axis][id]; // 데이터의 합에서 가장 오래된
데이터 제거
```

```
    val[axis][id] = data;  // val 2차원 배열에 data 저장
    sum[axis] = sum[axis] + val[axis][id]; // 데이터의 합 구하기
    if(axis >= AXIS-1) {
        id = id+1;   // index 증가
        if(id >= NUM) id = 0; // 최대 index까지 증가시 0으로 초기화
    }
    avg[axis] =sum[axis]/NUM ;
}
```

설명) moving_avg 함수는 각 축의 번호(x=0, y=1, z=2)와 각 축의 가속도 값을 전달받게 되며, 호출 시마다 데이터의 누적 합에서 가장 오래된 데이터의 값만큼을 빼주고, 최신의 데이터를 누적에 포함한다. val의 2차원 배열은 각 축의 데이터들을 이동평균하길 원하는 개수(4)만큼 저장하게 되며, id는 전달된 axis의 값이 2(z축) 가되면, 1씩 증가시켜서 그 수가 4가 될 때 다시 0으로 초기화시킨다.

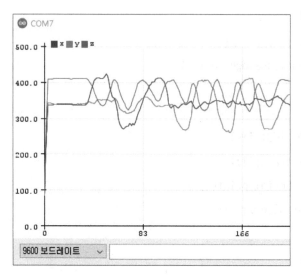

[그림 6-18] 4개의 데이터로 이동평균한 차트

이동평균을 하지 않았던 이전의 그림과 비교하면 데이터가 스무딩 되어 원 데이터를 추종하면서도, 간혹 발생하던 튀는 값이 제거된 것을 확인할 수 있다.

6.5.2 각도 구하기

가속도 센서를 이용하여 중력 방향을 기준으로 기울어진 각도를 검출해 보자. 가속도 센서의 가속도는 중력 가속도(1g = 9.8 m/s·2)를 의미하며, 중력이 작용하는 기준 방향과 가속도 값을 이용하여 각 축 방향으로의 기울어진 각도를 구해 낼 수 있다. 가속도 센서가 수평 방향으로 놓여 있다면, 지구 중력 방향인 Z축과 X/Y축이 이루는 면과는 90도, 1g의 차이가 있게 된다.

먼저, 소지한 GY61(또는 GY51) 센서의 특성을 파악하기 위해 각 축으로 천천히 회전시켰을 때 각 축에서의 최댓값(1g), 최솟값(-1g)을 측정하고 메모하자. 각 축의 최댓값과 최솟값 차의 1/2 값은 이 센서의 민감도(sensitivity)로 표현되며, 0g에서 1g 또는 0g에서 -1g로의 변화량이 된다.

각 축에서의 민감도 = (각 축의 최댓값 - 각 축의 최솟값) / 2
X 축 측정값(Ax) = (측정된 X 값(avg[0]) - X축 0g 값(x_0g)) / x축 민감도
Y 축 측정값(Ay) = (측정된 Y 값(avg[1]) - Y축 0g 값(y_0g)) / y축 민감도
Z 축 측정값(Az) = (측정된 Z 값(avg[2]) - (Z축 1g 값(z_1g) -z축 민감도)) /z축 민감도

위와 같이 구해지면, 아래와 같은 수식으로 세타(theta)의 각도가 구해짐으로, x-y 평면과 z축의 관계에서 기울어진 각도를 측정할 수 있다.

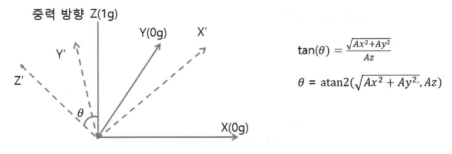

$$\tan(\theta) = \frac{\sqrt{Ax^2 + Ay^2}}{Az}$$

$$\theta = \text{atan2}(\sqrt{Ax^2 + Ay^{2,}}, Az)$$

[그림 6-19] 가속도 센서로 각도 theta 구하기

예제 6-10) 가속도 센서를 이용하여 theta 각도를 구하자

```
// 자기가 가지고 있는 가속도 센서의 값으로 변경
#define X_MAX 474 // x축 1g
#define X_MIN 311 // x축 -1g
#define Y_MAX 471 // y축 1g
#define Y_MIN 308 // x축 -1g
#define Z_MAX 472 // z축 1g
#define Z_MIN 309 // z축 -1g
#define S_X (int)((X_MAX-X_MIN)/2) // X축 민감도
#define S_Y (int)((Y_MAX-Y_MIN)/2) // Y축 민감도
#define S_Z (int)((Y_MAX-Y_MIN)/2) // Z축 민감도

#define NUM 4    // moving avg 할 항의 개수
#define AXIS 3   // x,y,z 3축
int val[AXIS][NUM]; // 2차원 배열의 val 변수 생성 val[3][4]
float sum[AXIS],avg[AXIS];
int id;
void setup() {
  Serial.begin(9600);
  while(!Serial); // 통신이 연결되면 TRUE 반환
  Serial.println("x,y,z"); // t
}
void loop() {
  for(int i=0; i<3; i++) {
    moving_avg(i,analogRead(i+14)); // 각 축의 번호와 가속도 센서값 전달
    delay(1);
  }
  get_theta();
}
void moving_avg(int axis, int data){  // 이동평균 함수 정의
```

```
    sum[axis] = sum[axis] - val[axis][id]; // 데이터의 합에서 가장 오래된
                                           데이터 제거
  val[axis][id] = data;  // val 2차원 배열에 data 저장
  sum[axis] = sum[axis] + val[axis][id]; // 데이터의 합 구하기
  if(axis >= AXIS-1) {
    id = id+1;   // index 증가
    if(id >= NUM) id = 0; // 최대 index까지 증가 시 0으로 초기화
  }
  avg[axis] =sum[axis]/NUM ;
}
void get_theta(){ // theta 각도 구하는 함수 정의
  float ax = (avg[0] - (X_MAX- S_X))/S_X; // g 값으로 표현(-1~+1)g
  float ay = (avg[1] - (Y_MAX- S_Y))/S_Y; // g 값으로 표현(-1~+1)g
  float az = (avg[2] - (Z_MAX- S_Z))/S_Z; // g 값으로 표현(-1~+1)g
  int theta = 180-((atan2(sqrt(pow(ax,2) + pow(ay,2)), az))*180/3.14);
  Serial.println(theta);
}
```

설명) 각 축의 최소, 최대, 민감도를 구하여 get_theta()라는 함수에서 각 축의 정보를 g(중력 가속도)로 변환하고, 이 g 값을 이용하여 z축의 기울어진 각도를 구한다. 거듭제곱에 대한 기본 함수는 pow()라는 함수이며, 제곱을 하기 위해 pow(ax, 2)가 사용된다. 세타를 구하기 위해 아크탄젠트를 이용하며, 반환되는 값이 라디안이므로 각도로 변환하기 위해 뒤에 180 / 3.14로 곱해 준다.

예제 6-11) 프로세싱을 이용하여 각도에 따라 깃발의 위치가 변경되도록 하자.

```
import processing.serial.*; // 시리얼 라이브러리
Serial S; // S로 객체 선언
int theta;
void setup(){
```

```
    size(500,500);  // 가로 500픽셀, 세로 500픽셀 설정
    printArray(Serial.list()); // 연결된 COMPORT 단자 출력
    // Serial.list()[2] 대신에 통신포트 입력 가능 "COM3"
    S = new Serial(this, Serial.list()[2],9600);
    // 줄 변경 문자 수신될 때까지 buffer에 저장 및 serialEvnet()호출 금지
    S.bufferUntil(10);
    textAlign(CENTER, CENTER); // 글자 수평, 수직 모두 CENTER 정렬
    textSize(20); // 글자 크기
}

void draw(){
    background(0);  // 배경색 검정으로 지정
    text("Theta angle = " +theta, width/2, height/2-100); // 글자 출력 내용과 위치
    fill(255,255,0);  // 노란색 설정
    pushMatrix();  // 변환 위치 저장
    translate(width/2,height/2);  // 원점 변경, (0,0) -> (250,250)
    rotate(radians(theta));  // 회전 (각도를 라디안으로 변경)
    // 깃발 모양으로 호 그리기 , arc(x, y, 지름, 지름, 호 시작, 호 끝)
    arc(0,0, 150,150,radians(60), radians(120));
    popMatrix();  // 변환 위치 복원
}

void serialEvent(Serial P){
    // 줄 변경이 될 때까지 스트링으로 저장하여 input에 대입
    String input = P.readStringUntil(10) ;
    // 공백, tab, CR 등 제거 후 int()로 변경
    if(input != null)    theta = int(trim(input));
    println(theta);
}
```

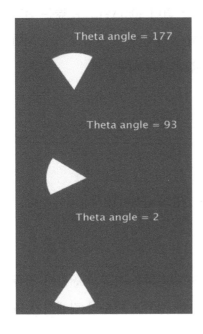

프로세싱은 그림과 멀티미디어 제작에 유용한 툴이다. 프로세싱을 모태로 탄생한 아두이노와는 여러 가지 유사도가 커서 큰 이질감 없이 학습할 수 있다.

이번 간단한 예제를 통해 프로세싱을 소개한다. 각 주석을 이해하며 다른 도형[원(ellipse), 사각형(rect), 선(line), 점(point)]과 색상, 또는 이미지로 변경하다 보면 어느새 프로세싱에 빠져 있는 자신을 볼 수 있을 것이다.

참고로 프로세싱은 아두이노와 마찬가지로 무료로 배포되며 processing.org를 통해 내려받기와 설치가 가능하다.

6.6 DC 모터 구동

6.6.1 릴레이(Relay)로 구동

릴레이는 전자기 소자로서 솔레노이드와 유사하지만, 전자석의 원리로 전류가 흐르면 자기력으로 철편의 위치를 제어하는 전기 부품이다. 한 단자의 접촉이 평상시에 열려 있는 NO(normally open, A 접점), 반대로 평상시에 닫혀 있는 NC(normally close, B 접점)와 COM 공통 단자, 그리고 아두이노에서 제어하기 위한 입력 단자들로 구성되어 있다.

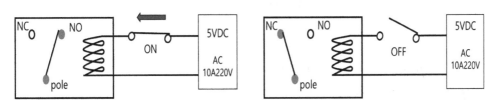

[그림 6-20] 릴레이의 NO와 NC에 대한 설명

아두이노의 입출력 핀은 5V이며, 전류 허용치 또한 최대 40mA이므로 높은 전압이나, 전류가 필요한 장치를 제어할 수 없다. 그래서 높은 전압과 전류로 구동되어야 하는 장치는 반드시 릴레이와 같은 소자들의 도움이 필요하다.

릴레이를 선정하기 위해서 두 가지 고려해야 되는 사항이 있다.

1. 구동 전압 확인

아두이노로 제어 가능한 전압은 5V이므로, 5V 구동 전압의 릴레이를 사용해야 한다.

2. 허용 전류/전압 확인

릴레이가 허용 가능한 최대 전압과 전류가 제어하고자 하는 장치의 전압과 전류보다 높아야 한다. 그 외에 여러 개의 릴레이가 필요한 경우는 다수의 릴레이가 내장된 다채널 릴레이 모듈을 사용하면 편리하다.

예제 6-12) 릴레이를 이용하여 DC 모터(12V)의 회전을 제어한다.
('a' 수신 시 모터 On, 'b' 수신 시 모터 Off)

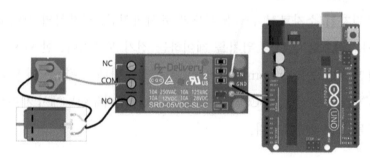

[그림 6-21] 릴레이 연결도

```
        릴레이              아두이노
연결 : data IN    ←→       8
```

```
const int relay = 8;  // 릴레이 제어핀
int data;
void setup() {
  Serial.begin(9600);
  pinMode(relay,OUTPUT); // 릴레이 제어핀 출력으로 설정
}

void loop() {
  if(data == 'a'){
    digitalWrite(relay,HIGH);
  }
  else if(data == 'b'){
    digitalWrite(relay,LOW);
  }
}
void serialEvent(){ // 시리얼 통신으로 데이터 수신되면 이벤트 발생
  data = Serial.read();
}
```

설명) 릴레이 연결은 스위치 연결과 유사하다. 외부 배터리의 + 단자를 릴레이 COM 공통 단자에 연결하고, 모터의 두 선에 릴레이 NO와 외부 배터리 – 단자를 서로 연결하면 된다. 릴레이 제어 핀(8번)에 HIGH 신호를 주면, 릴레이 철편이 이동되어 NC에서 NO로 연결된다. 만약에 모터가 NO가 아닌 NC에 연결되면 'b' 수신 시에 모터가 동작된다.

6.6.2 L298N 모터 드라이버로 DC 모터 구동

릴레이로 모터의 회전 방향 변경을 위해서 2개의 릴레이를 사용해야 하고 연결하는 방법도 다소 복잡하며, 모터의 속도 제어는 불가능하다. 릴레이는 단지 스위치

와 같은 역할을 하기 때문이다.

일반적으로 DC 모터를 제어하기 위해서는 모터 드라이버 모듈을 이용한다. 모터 드라이 모듈을 이용하면 모터의 회전 방향 변경과 회전 속도 제어까지 용이하기 때문이다.

스텝 모터 제어 시에 잠시 살펴봤던 L298N 모터 드라이버는 H 브릿지 형태로 최대 2A의 전류로 2개의 모터를 제어할 수 있다.

[그림 6-22] L298N 모터드라이버 모듈

2개의 모터는 OUT 1/2, OUT 3/4에 연결되며, ENA, IN1, IN2는 OUT 1/2에 연결된 모터를, ENB, IN3, IN4는 OUT 3/4에 연결된 모터의 회전 방향과 속도를 제어하기 위한 핀들이다.

ENA, ENB는 아두이노의 PWM에 연결되어 0V에서 5V 사이의 전압에 비례하는 속도로 모터의 속도가 제어되는데, 처음에는 점퍼 핀으로 5V에 연결되어 있으므로, 점퍼 핀을 제거해서 속도 제어가 가능하도록 하자. (점퍼 핀을 제거하지 않으면 IN1/2, IN3/4에 따라서 설정된 방향으로 최대 속도로 회전된다.)

[표 6-1] L298N 모듈의 회전 방향 테이블

MOTOR		IN1	IN2	IN3	IN4
MOTOR1	정방향	HIGH	LOW	–	–
	역방향	LOW	HIGH	–	–
	정지	HIGH (LOW)	HIGH (LOW)	–	–
MOTOR2	정방향	–	–	HIGH	LOW
	역방향	–	–	LOW	HIGH
	정지	–	–	HIGH (LOW)	HIGH (LOW)

예제 6-13) L298N 모터 드라이버를 이용하여 위의 예제를 풀어본다. 또한, 'c' 문
자를 추가하여 'c' 문자가 수신되면 역방향으로 모터를 회전시킨다.

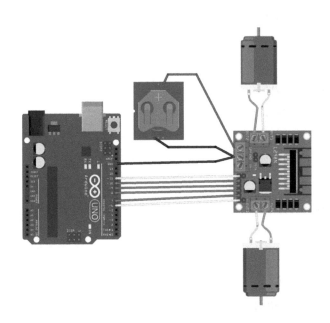

[그림 6-23] L298N 모터 드라이버 연결도

	아두이노		L298N
연결	11번 / 6번	⟷	ENA/ENB
	10번 / 9번	⟷	IN1/IN2
	8번 / 7번	⟷	IN3/IN4

```
const int ena=11, enb=6;   // 변수값 변경 금지
const int in1=10, in2=9, in3=8, in4=7;  // 변수값 변경 금지
int data;
void setup() {
  Serial.begin(9600);
  for(int i=7; i<=10; i++){  // in1~in4까지 OUTPUT 설정
    pinMode(i, OUTPUT);
  }
}
void loop() {
  if(data =='a'){  // 모터 전진
    motor_1(1,0,255); // 모터 1 전진
    motor_2(1,0,255); // 모터 2 전진
  }
  else if(data == 'b'){
    motor_1(0,1,255); // 모터 1 후진
    motor_2(0,1,255); // 모터 2 후진
  }
  else if(data == 'c'){
    motor_1(0,0,0); // 모터 1 정지
    motor_2(0,0,0); // 모터 2 정지
  }
}
void serialEvent(){  // 수신된 데이터가 있으면 이벤트 발생
  data = Serial.read();
}
void motor_1(int ina, int inb, int spd){
  digitalWrite(in1, ina);
  digitalWrite(in2, inb);
  analogWrite(ena, spd);
}
```

```
void motor_2(int ina, int inb, int spd){
  digitalWrite(in3, ina);
  digitalWrite(in4, inb);
  analogWrite(enb, spd);
}
```

설명) 'a', 'b', 'c' 문자가 수신되면, 각각 모터를 정회전, 역회전, 정지시키도록 한다. IN1(IN3), IN2(IN4)가 HIGH와 HIGH, LOW와 LOW로 둘 다 일치하면 ENA(ENB)의 값에 상관없이 모터가 정지된다. 다음 예제는 방향과 속도 제어에 대한 예제이다.

예제 6-14) 2축 조이스틱의 Vertical(Vy) 출력을 이용하여 모터의 속도와 회전 방향을 제어해 보자.

추가 연결: 2축 조이스틱 Vy ⟷ 아두이노 A0

```
const int ena=11, enb=6;
const int in1=10, in2=9, in3=8, in4=7;
void setup() {
  Serial.begin(9600);
  for(int i=7; i<=10; i++){
    pinMode(i, OUTPUT);
  }
}

void loop() {
  int spd;
  int data = analogRead(A0); // Vertical(Vy)축 가변저항 입력
(0<=data<=1023)
  if(data>=512) {  // 스틱의 핸들을 위로 밀면
```

```
    spd = map(data-512,0,511,0,255);  // 512<=data<=1023의 경우
    motor_1(1,0,spd); // 모터 1 전진
    motor_2(1,0,spd); // 모터 2 전진
  }
  else {           // 스틱의 핸들을 아래로 당기면
    spd = map(511-data,0,511,0,255); // 0<=data<=511의 경우
    motor_1(0,1,spd); // 모터 1 후진
    motor_2(0,1,spd); // 모터 2 후진
  }
}
void motor_1(int ina, int inb, int spd){
  digitalWrite(in1, ina);
  digitalWrite(in2, inb);
  analogWrite(ena, spd);
}
void motor_2(int inc, int ind, int spd){
  digitalWrite(in3, inc);
  digitalWrite(in4, ind);
  analogWrite(enb, spd);
}
```

설명) 2축 조이스틱의 출력 Vy, Vx 중 Vy 출력만을 아두이노 A0에 연결하고, 조이스틱 핸들의 기울어진 각도에 따라 속도를 제어한다. 핸들이 중심에 있을 때 변수의 중앙값이 512가 되므로, 512를 기준으로 위 방향으로 핸들을 밀었는지, 아래 방향으로 당겼는지를 판단한다. 아래, 위 모두 0~512 사이의 변위를 가지게 되므로 map 변환 후 0에서 255까지로 선형 축소하여 analogWrite()의 인자로 사용한다.

예제로 배우는
아두이노 제어 실습
3D 프린터 개발 산업기사 | 실기

2020년	8월	24일	1판	1쇄	인 쇄
2020년	8월	28일	1판	1쇄	발 행

지은이 : 조 승 근
펴낸이 : 박 정 태

펴낸곳 : **광 문 각**

10881
경기도 파주시 파주출판문화도시 광인사길 161
광문각 B/D 4층
등   록 : 1991. 5. 31 제12-484호
전 화(代) : 031) 955-8787
팩   스 : 031) 955-3730
E - mail : kwangmk7@hanmail.net
홈페이지 : www.kwangmoonkag.co.kr

ISBN : 978-89-7093-378-8 93560

값 : 20,000원